【文庫クセジュ】

隕石

迷信と驚嘆から宇宙化学へ

マテュー・グネル著

米田成一監修／斎藤かぐみ訳

白水社

目次

まえがき

隕石は、天空から地球に飛来した石である。その年齢は太陽系の年齢であり、人類が手にできる最古の物体だ。隕石は神秘のしるしとして、地と天を同じ目で見るようにと私たちを促す。と同時に、最先端の機器を使った科学研究の対象として、現在の研究の様子をかいま見せてくれる。過去と現在を結び、博物学と先端科学を架橋してくれる、そんな存在は隕石のほかにない。

隕石の研究は、仏語では**宇宙化学**（コスモシミー）、英語では隕石学（メテオリティクス）と呼ぶ。地球外天体と生物圏の相互作用、私たちの太陽系の形成、天体の地質進化[1]、地球上の生命の起源などが課題となる。アポロとルナが月から持ち帰った試料（サンプル）や、近年では米国立航空宇宙局（ＮＡＳＡ）のスターダスト計画が彗星から採取した塵（ダスト）を別とすれば[2]、太陽系内の地球外天体に起源がある固体試料として、実験室で調べられるのは隕石だけだ。

（1）英語で言えば「エヴォリューション」であり、本来は価値中立的であるが、科学分野の術語として「進化」が定着しているものはそれに従った〔訳注〕。

（2）探査機はやぶさが小惑星イトカワの試料を地球に送り届けたのは、本書の原著刊行の後のこととなる〔訳注〕。

本書の意図は、このような博物学と科学という隕石の二つの面を示すところにある。学界で最もホットな論争の一部は簡単にしか、あるいはまったく紹介できなかったが、それはそれで妥当だったのかもしれない。執筆中に困ったのは、隕石についての本だというのに図版を入れられないことだった。隕石の中身や天体の外観を鮮やかに捉えた写真なしに、文字だけで読み進めていただくしかない。**太字で示した語**がキーワードとなる。あらかじめ知りたい疑問のある読者が、答えの手がかりを見つけやすいようにした（つもりだ）。同様の発想から、好きな順序でお読みいただけるよう、参照箇所を随所に記してある。

本書は過去二〇〇年にわたる多数の科学者たちの観測や理論の成果を踏まえている。文庫という制約から、先人先達の名前を網羅することはできないが、本書に記された成果は言うまでもなく、それらの紹介役にすぎない著者の功績ではない。

原稿を精読してくれた友人のM・スロ、J・ガタセカ、M・ショシドン、M・ヴィテュ＝ド＝ケラウル、F・ガラント、H・プリジャン、図表の作成を手伝ってくれたM・セラノ、C・フィエニ、M・ドニーズ、A・バンガナ、J・デプレ、たゆみなく支えてくれたF・ロベール、鋭い意見をくれた友人のJ・デュプラに感謝する。主要博物館の隕石コレクションの責任者および国際隕石学会事務局長のジェフ・グロスマンはじめ、事実関係や数値を確認くださった多くの隕石専門家の諸氏にも、この場を借りて御礼申し上げたい。二週間の研究レジデンスを提供してくれたトレィユ財団には、どれほど感謝しても足りない。アンヌ・グリュネル＝シュルンベルジェによって設立された同財団は、現代の科学と芸術の対話を促すことで、創作と研究の進展につなげていく事業を行なっており、研究者や作家を対象とした〔南仏〕ヴァール県トレィユの別荘地でのレジデンス制度もある（http://www.les-treilles.com）。

第一章　惑星科学と宇宙化学の基礎知識

Ｉ　基本的な定義

天空から落ちた一ミリメートル以上の大きさの石を**隕石**という。最大の隕石は、ナミビアのホバで一九二〇年に発見されたもので、約六〇トンの重量がある。天空から落ちた一マイクロメートル（一〇〇万分の一メートル）～一ミリメートルの塵は**微隕石**と呼ぶ。(1) 隕石は、地上への飛来が観測された**落下目撃隕石**(フォール)と、偶然あるいは探査によって見つかった**発見隕石**(ファインド)に分けられる（五三ページ参照）。

(1) 本書の原著刊行後に、一〇マイクロメートル（一〇〇分の一ミリメートル）を基準として、それ以上であれば隕石、うち二ミリメートル未満のものを微隕石とする新たな定義が提唱されている。微小なものは宇宙塵あるいは惑星間塵と呼ばれる〔訳注〕。

落下目撃隕石および発見隕石には、発見された場所にいちばん近い集落の名前がつけられる。ただし砂漠や南極では数が多く、人家のたぐいも少ないため、命名の方式が変わってくる。サハラ砂漠な

図１　南極大陸

ら、たとえばＮＷＡ３５２となる。三五二番目に登録された北西（ノース・ウェスト）アフリカ隕石ということだ。南極で見つかった隕石については、発見された地域と年号が名前となる。たとえばＡＬＨ８４００１なら、アラン・ヒルズ山脈付近（図１）で米国隊が一九八三〜八四年の探査の際に見つけた一番目の隕石を指す。

専門家集団による公式な判定を得た隕石は**国際隕石学会**に申告され、この学会が毎年、新しい隕石を掲載した『隕石ブレティン』を発行している[1]。試料のうち二〇グラム（一〇〇グラム未満の隕石なら二〇パーセント）は、**タイプ標本**として研究機関に寄託しなければならない。

（１）現在は、巻末にＵＲＬが掲載されたウェブサイトで管理・公開されている〔訳注〕。

Ⅱ　惑星科学の基礎知識

太陽系は、太陽の周りを公転する天体の集合として定義される。太陽系で質量最大の天体である私たちの太陽は、ありふれたG型の恒星で、3 × 10^{32}グラム[1]の質量をもつ。太陽系の大きさが数百天文単位という桁であるのに対して、最も近い恒星であるプロキシマ・ケンタウリは二六万天文単位の距離にある。[2]つまり太陽系は、私たちの銀河系〔天の川銀河系〕の他の恒星から隔たっている。この銀河系もまた他の銀河系から隔たっている。

（1）大きな数には科学で用いる表記法を使い、三〇〇万であれば3 × 10^6と表記する。一〇の六乗すなわち一〇〇万の三倍を意味する。一〇億なら10^9となる。

（2）一天文単位（AU）はもともと太陽と地球の平均距離として定義されたもので、約一億五〇〇〇万キロメートルに相当する。

太陽系には八つの**惑星**（水星、金星、地球、火星、木星、土星、天王星、海王星）がある。惑星の周りを公転する天体が衛星で、球形のものと不規則な形のものがある。冥王星のように、球形ではあっても充分な質量がなく、力学的に他の天体を周囲から排除するにいたらなかった天体は、**準惑星**と呼ぶ。

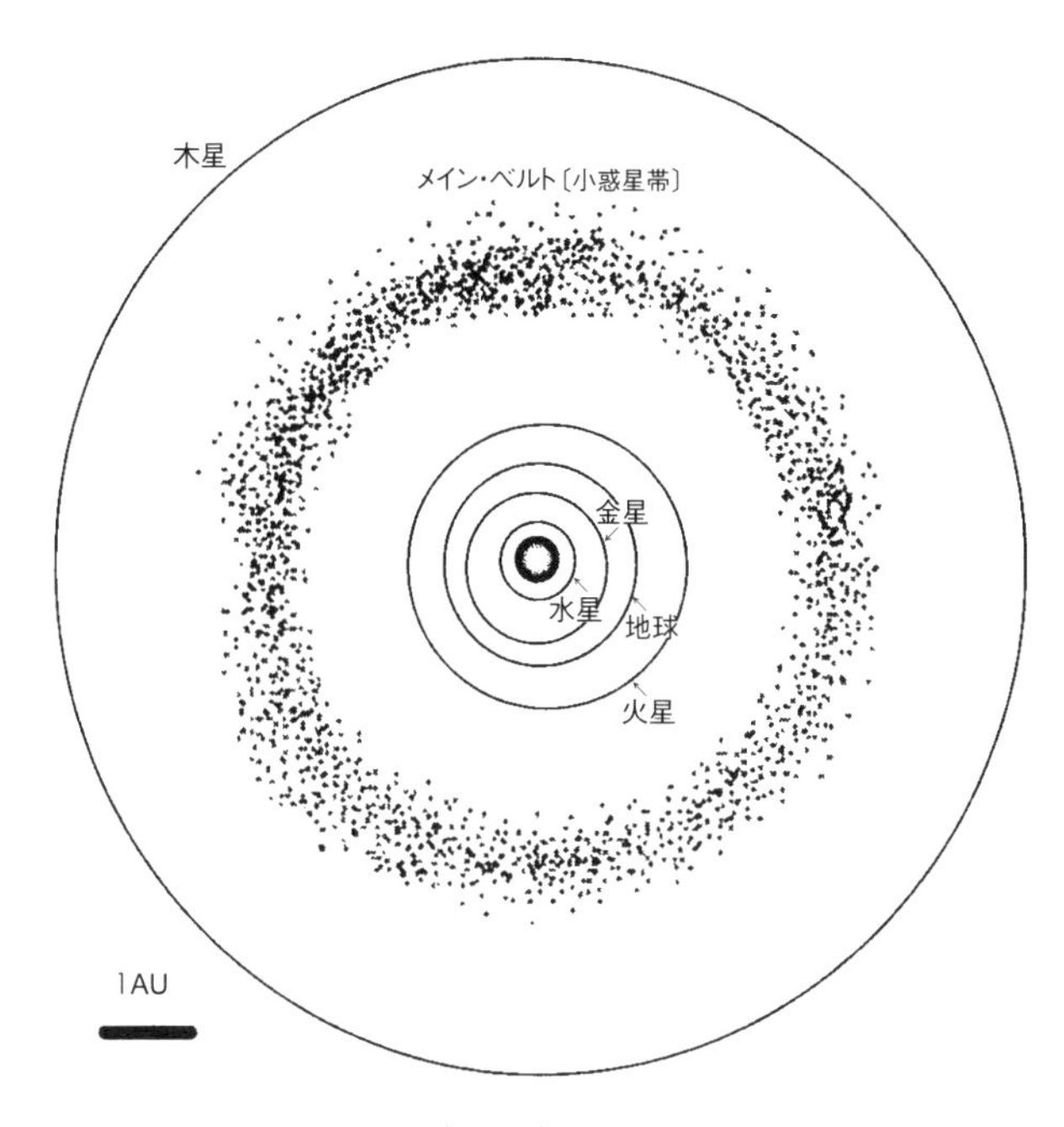

図2　太陽系の模式図（中心は太陽）

質量が小さすぎて平衡状態が球形にならなかったものは小天体といい、**小惑星**（アステロイド）と**彗星**に区別する。小惑星は主に火星と木星の間の**メイン・ベルト**〔小惑星帯〕にあるが、軌道が惑星との相互作用によって変わり、地球の軌道と交差するようになった**地球近傍**小惑星もある。彗星は木星の軌道よりも外側におり、その活動によって小惑星と区別するのが普通である。太陽に近づいた時に水と炭酸ガスを放出する能力をもつものを彗星とする。図2で太陽系の地理的配置を模式的に示す。

衝突によって天体から剝ぎ取られた岩石片が、隕石である（一九ページ参照）。隕石の起源としては惑星、準惑星、衛星、小惑星、彗星が考えられ、それらを隕石の**母天体**と呼ぶ。

Ⅲ　地球化学の基礎知識

岩石中の元素は、全岩の**化学組成**によって絶対的存在度が確定され、存在度に応じて主要元素（存在度が数十パーセント）、少量元素（数パーミル[1]〜数パーセント）、**微量元素**（一パーミル未満）に区分される。また、高温固溶体を形成する**難揮発性元素**と、気相をとりやすい**揮発性元素**を区別する。化学反応をほとんど起こさず（不活性であり）、気相を保つ元素は**貴ガス**と呼ぶ（ヘリウム、ネオン、アルゴン、クリプトン、キセノン）。

（1）百分率を「パーセント」と呼ぶのに対し、千分率を「パーミル」と呼ぶ〔訳注〕。

岩石の重要な化学特性の一つに**鉄の酸化状態**がある。地球上では大部分の鉄は**酸化**されており、鉄原子が酸素原子と一対一の割合で化合（二価の鉄が酸化鉄(Ⅱ)として化合）、あるいは二対三の割合で化合（三価の鉄が酸化鉄(Ⅲ)として化合）しているが、隕石の中には**還元**された鉄、つまり金属鉄（ゼロ価の鉄）も見られる。大半の隕石は地球よりも還元的な、すなわち酸素に乏しい環境で形成されたからだ。さまざまな酸化状態をとる元素は鉄だけではない。たとえば硫黄も、硫化鉱物（二価の硫黄が硫化鉄（Ⅱ）などとして化合）になったり、金属状態の硫黄（ゼロ価の硫黄、元素硫黄）になったり、あるいは硫酸塩（六価の硫黄が三酸化硫黄として化合）になったりする。

岩石の性質や構成要素間の関係を定めるのが**岩石学**、岩石あるいは構成要素中の鉱物を記述するのが**鉱物学**である。鉱物とは、一定の結晶構造（原子配列）をとった化合物のことである。結晶の格子点を占める元素が一種類ではない鉱物〔固溶体〕の場合は、同じ鉱物でも化学組成が変動する。鉱物にはケイ酸塩鉱物、酸化鉱物、硫化鉱物、元素鉱物などの分類がある。ケイ素の酸化物の骨格に陽イオン（マグネシウム、鉄、カルシウムなど）の化合したものがケイ酸塩鉱物、酸素原子に陽イオンの化合したものが酸化鉱物、還元された硫黄と陽イオンの化合したものが硫化鉱物、単一元素の単体または合金が元素鉱物である。隕石中に最もよく見られる元素鉱物は鉄である。

石質隕石は、酸化鉱物とケイ酸塩鉱物を主成分とし、おおむね一立方センチメートルあたり三グラム台の**密度**をもつ。鉄隕石は、一立方センチメートルあたり七グラム台の密度をもつ。

Ⅳ　同位体宇宙化学の基礎知識

原子は核とその周囲に軌道をとる一群の電子からなる。核は陽子と中性子からなる。陽子は正の電荷を帯び、中性子は電荷がない。電子は負の電荷を帯びる。陽子と電子は数が同じであるため、原子の電荷はゼロとなる。陽子の数（Z）によって元素が決まる。たとえば水素は陽子数が一、ヘリウムは二、酸素は八、鉄は二六である。中性子の数（N）は同じ元素でも異なることがある。

水素には中性子がゼロのものと一のもの、酸素には八、九、一〇のものがある。これらを同一元素の**安定同位体**と呼ぶ。酸素には三つの安定同位体、酸素一六（陽子八、中性子八）、酸素一七（陽子八、中性子九）、酸素一八（陽子八、中性子一〇）がある。鉄には四つの安定同位体、鉄五四（陽子二六、中性子二八）、鉄五六（陽子二六、中性子三〇）、鉄五七（陽子二六、中性子三一）、鉄五八（陽子二六、中性子三二）がある。安定同位体が一つしかない元素もある。たとえばアルミニウムの安定同位体はアルミニウム二七（陽子一三、中性子一四）しかない。分子の場合には**同位体異性体**（アイソトポマー）と呼ぶ。

崩壊して別の核種（娘核種）となる同位体を**放射性核種**と呼ぶ。アルミニウム二六（陽子一三、中性子一三）は半減期七四万年でマグネシウム二六に壊変する（放射性核種の半数が壊変する時間を半減期という）。時間ゼロにおいてアルミニウム二六の原子核が一二〇個あるとすれば、七四万年後には六〇個、一四八万年後には三〇個、二二二万年後には一五個に減る。半減期のx倍の時間が経過した後の存在度は、初期値の2^x分の1となる。

蒸発や凝縮、分別結晶化〔一一三ページ参照〕といった過程による物質の同位体組成の変動は、その元素の各同位体の相対質量に依存する。これを**質量依存型分別**という。分別の程度は、分別過程の性質や物理化学的特徴、持続時間によって変わる。地球試料の同位体組成の変動は、質量依存型分別の枠組みで完全に説明がつく。ところが隕石には、質量依存型分別では説明できない同位体組成の変動が見られる。これを**同位体異常**、あるいは**質量非依存型分別**と呼ぶ。

V　始源的な天体から物質分化した天体へ

天体に含まれる放射性核種は、その天体を加熱する作用をもつ。冷却は表層から起こるため、体積に対する表面積の比（半径の逆数に比例）が小さい天体、つまり大きな天体は冷えることができず、内部の温度が上昇する。

とりわけ恰幅のよい天体では、内部が非常に高温となったため、大部分あるいは全球が溶融し、金属相とケイ酸塩相の（液相不混和による）分離が生じた。これを**物質分化**という。密度の高い鉄が中心に沈み、それより軽いケイ酸塩がマントルと地殻を形成する（一一三ページ図9参照）。地球その他の地球型惑星（水星、金星、火星）に加え、月など一部の衛星や大型の小惑星は、物質分化した天体に該当する。

かなり大きな天体でも、充分な質量がなかったか、充分な量の放射性核種が含まれていなかったために、溶融温度に到達せず、金属とケイ酸塩の分離が起きなかったものもある。ただし高温化による元素の再分配は生じる。これを**熱変成**という（一一〇ページ参照）。

小天体や準惑星の中には、水と一酸化炭素からなる氷を含むものがある。高温化によって氷が溶ければ、液体または気体となった水と一酸化炭素が天体中を循環し、岩石の一次鉱物と反応して、粘土鉱物、炭酸塩鉱物、磁鉄鉱（マグネタイト）などの二次鉱物を形成する。地球上の熱水源に見られるのと完全に同じ物理化学過程であるため、これを**熱水変成**あるいは**水質変成**という（一一二ページ参照）。

VI　宇宙の玉突き

太陽系の歴史の中で大きな役割を演じてきたのが**衝突**である。小惑星や彗星、惑星の間だと、毎秒数キロメートル〜数十キロメートルの相対速度での**天体衝突**となる。衝突を受けた天体の破片は、もし天体の重力を振り切ることができれば、宇宙空間に飛び出していく。

破片が天体の重力を振り切るには、その天体の**脱出速度**を超える速度を得なければならない。天体の半径をR、密度をρとすると、脱出速度はR×$\sqrt{\rho}$に比例する。したがって重力からの脱出は、天体が大きいほど難しくなる。地球の場合の脱出速度は毎秒一一・二キロメートルである。

惑星間空間に飛び出した小惑星や彗星や惑星の破片は、時には数億年にわたって旅を続ける（八三ページ参照）。それらが地球の重力に引き寄せられるほど接近し、地球表面に落下したものが隕石である。

太陽系が形成されて以降、天体の衝突率は減少の一途をたどっている。ただし例外が一度あり、**後期重爆撃期**という。三八億年前のことで、内部太陽系領域〔木星から内側〕の小惑星と彗星のフラックス〔流束〕が現在の一〇〇万倍近い状態が、およそ一億年にわたって続いた。

Ⅶ　隕石の分類

自然科学のあらゆる分野と同様に、隕石の場合も適確な分類体系による整理が基本となる（図3）。隕石の分類は化学組成、岩石学的特性、鉱物学的特性による。異なるグループの隕石は、それぞれに特徴的な酸素同位体組成をもっており（鉄隕石の場合はケイ酸塩包有物を測定する）、**酸素同位体組成**が同じであれば**母天体**（一四ページ参照）が同じと考えるのが通説である。

隕石は**石質隕石**（九四・四パーセント）、**石鉄隕石**（一・一パーセント）、**鉄隕石**（四・五パーセント）の三つに大別する。[1] 石質隕石はマグネシウム鉄ケイ酸塩鉱物からなり、少量の金属鉄を含むものもある。鉄隕石は金属鉄からなり、ケイ酸塩包有物を含むものもある。石鉄隕石はケイ酸塩鉱物と金属の混合体である。

（1）各グループの相対的な割合は、『隕石ブレティン』に記載された落下目撃隕石をもとに、J・グロスマンが算定した。

石質隕石にはコンドライト〔球粒隕石〕とエコンドライト〔無球粒隕石〕がある。**コンドライト**（八六・〇パーセント）は**コンドルール**が豊富な岩石という意味で、コンドルールとはマグネシウム鉄

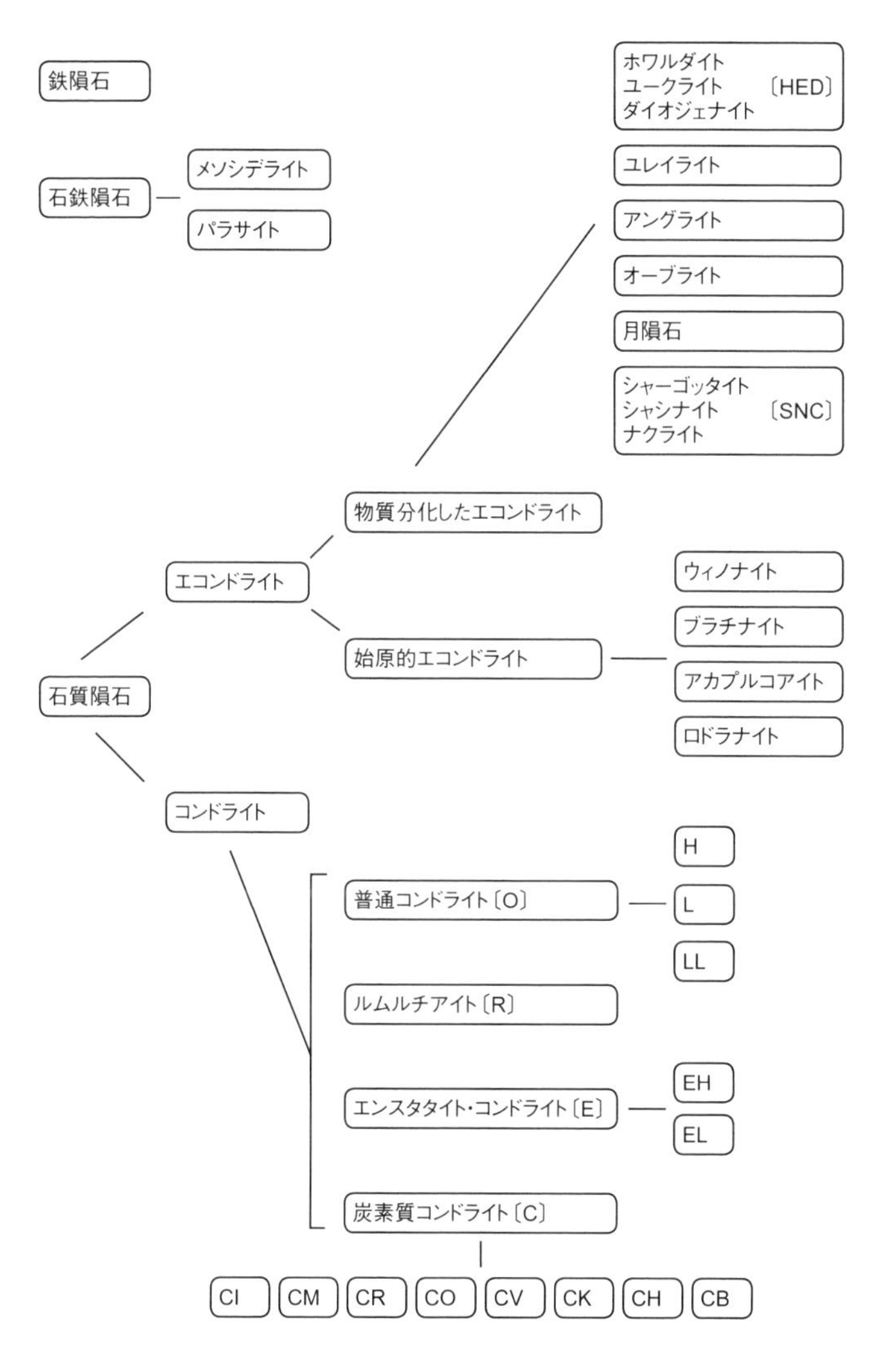

図3　隕石のおおまかな分類

ケイ酸塩鉱物、金属鉄、ガラスからなる球状の粒である。コンドライトには分離した、つまりコンドルールを形成しない金属粒も含まれる。**CAI**というカルシウム・アルミニウムのケイ酸塩鉱物・酸化鉱物に富んだ包有物も含まれる。いずれの物体も大きさが一〇マイクロメートル〜一センチメートル程度で、[1] **基質**（マトリクス）の中に埋めこまれている。コンドライトはさらに、岩石学的特性や化学特性、酸化状態によってグループ分けされる。

（1）一マイクロメートル（μm）は一メートルの一〇〇万分の一である。

コンドライトの中で最もありふれた隕石が**普通コンドライト**（七九・九パーセント）である。コンドルールが豊富で、基質とCAIが少ない。普通コンドライトは、金属の存在度の変動により、H〔high iron〕、L〔low iron〕、LL〔low iron and low metal〕の三つの下位グループに区分される。その他のコンドライトとしては、エンスタタイト（マグネシウム斜方輝石）と金属に富む**エンスタタイト・コンドライト**（一・六パーセント）や、グラファイトでもダイヤモンドでもない炭素をかなり（質量百分率で数パーセント）含み、CAIと基質が豊富な**炭素質コンドライト**（四・二パーセント）がある。

炭素質コンドライトは、化学組成、コンドルールの大きさ、CAIの多寡、酸化状態、粘土鉱物や炭酸塩鉱物などの二次鉱物の有無により、CI、CM、CR、CO、CV、CK、CH、CBの八つのグループに分けられる。コンドライトについてはさらに、熱変成度に基づく岩石学的タイプで分類するが、それについては一一一ページで取り上げる。
コンドルールを含まない石質隕石をエコンドライト（八・二パーセント）と呼び、物質分化したエコンドライトと始原的エコンドライトを区別する。**物質分化したエコンドライト**は**火成岩**、つまり完全に溶融した履歴のある岩石である。うち最多のものが、よく似た酸素同位体組成をもつホワルダイト、ユークライト、ダイオジェナイトの一群（六・三パーセント）で、HED（ヘッド）隕石と総称する。同様にシャーゴッタイト、ナクライト、シャシナイトの一群も、同一の母天体から来たと考えられ（火星と考えられている。一二一ページ以下参照）、SNC（スニック）隕石と総称する。**始原的エコンドライト**（〇・三パーセント）は、火成岩の組織をもちながら、コンドライトの特性の一部（化学組成、同位体組成）を保った岩石である。
鉄隕石は金属鉄を主成分とし、その金属鉄は一般的に数パーセントのニッケルを含む。**石鉄隕石**（パラサイト、メソシデライト）はケイ酸塩鉱物と金属の混合体である。
コンドライトは**始原的**な小惑星や彗星からやって来た。始原的、というのは太陽系が形成された時点以降、地質進化をしていないという意味だ。コンドライトの構成要素は、降着円盤内（八八ページ参照）で形成されて凝集した。それらは私たちの太陽系の形成（八七ページ参照）、小型の小惑星の初期進化（一一〇ページ参照）、地球上の生命の起源（一二六ページ参照）に関する情報を与えてくれる。物質分化したエコンドライト、石鉄隕石、鉄隕石はそれぞれ、物質分化した天体の表層、核マントル境界、中心核のサンプルと見ることができる。それらは天体の物質分化（一一二ページ参照）に関する情報を与えてくれる。

第二章　隕石小史

I　迷信と驚嘆

1　古代

鉄器時代のはるか以前から、人類は隕鉄をさまざまな形で、とりわけ武具として利用していた。ある種の隠喩や神秘の記述、たとえば鉄と硫黄の雨が天から降り、ソドムとゴモラの町を無情にも破壊した（創世記一九章二四節）といったものは、今から見れば隕石の落下のことだと言う者もいる。

西洋の文献に初めてそれとして登場した隕石は、紀元前四六七年に落下したアイゴス・ポタモス隕石だ。「ギリシアにこんな話がある。第七八オリンピア紀の二年目に、クラゾメナエのアナクサゴラスは、天文学の文献の知識によって、ある月数の後太陽から岩が降ってくるだろうと予言することができた。それが日中にトラキアのアルゴス川地区で起った。（その石は今も見られる。それは荷馬車一台の積荷になる大きさで色は褐色だ）そのときは夜間に彗星も輝いていたということだ。[1]」

（1）プリニウス『博物誌』第二巻五九章一四九節〔中野定雄・中野里美・中野美代訳、雄山閣出版、一九八六年〕。

クラゾメナエのアナクサゴラス（前五〇〇～四二八年）の予言能力は、大プリニウス（二三～七九年）以前にもパロス大理石碑文（ギリシアのパロス島で発見された作者不詳の前二六三年の年代記）やアリストテレス（前三八四～三二二年）の『気象論』に記されており、後代のディオゲネス・ラエルティオス（三世紀）、エウセビオス（二六五～三三九年）などでも取り上げられている。アンミアヌス・マルケリヌス（三三〇～三九五年）によれば、アナクサゴラスは「エジプト人の秘密の書物」から知識を得たらしい。太陽その他の天体が石であることをアナクサゴラスは主張した。「ただ急速な回転運動のために、それは凝集しているのであって、もし弛められれば、崩れ落ちてしまうだろう[1]」。この異端的な見解のせいで、彼はアテナイの裁判にかけられた。だが、ペリクレス（前四九五頃～四二九年）の助けで死刑は免れ、小アジアのランプサコス〔ダーダネルス海峡付近〕に逃れている。

（1）ディオゲネス・ラエルティオス『ギリシア哲学者列伝』第二巻三章一二節〔加来彰俊訳、岩波文庫、一九八四年〕。

アリストテレスは『気象論』で、アナクサゴラスの観察を踏まえ、石が落下する数日前に彗星がよぎるという関連性を強調した。彗星がよぎると、「期間において、あるいは強さにおいて、たいてい何か限度を超えた風が起こる」[1]。したがって隕石とは、風によって大気中に巻き上げられた石にほかならず、月下の世界（不朽ならぬ地上界）に属している。それは一方には「地中と地表の湿り気に由来する水蒸気」、他方には「大地自体に由来する煙状」で「風により似た性質のもの」という二つの蒸発気を成因とする。[2] 天界の完全性を損ねないアリストテレスの隕石観は、十八世紀末にいたるまで大きな影響を与えることになる。

（1）『気象論』第一巻七章〔三浦要訳、『アリストテレス全集六』、岩波書店、二〇一五年〕。
（2）『気象論』第一巻四章。

プリニウスもまた[1]、総督の任にあったガリア・ナルボネンシス属州〔現フランス南部〕で、七〇年に自身が目撃した隕石の落下について書き残している。それ以前にもローマの著述家ティトゥス・リウィウス（前五九～一七年）が、アルバーノ山地（ローマの南方二〇キロメートル付近）その他のイタリア中部で多数の隕石落下があったことを記している。

（1）『博物誌』第二巻五九章。

天から落ちてきた石は、おそらくセム語「ベート・エル（神の家）」が起源のギリシア語「βαιτυλος（バイテュロス）」の名で呼ばれ、地中海沿岸一帯で崇拝された。その一例が、小アジアのフリュギア〔現トルコ中西部〕に祀られていたキュベレーの石だ。これをローマの街路に運び入れればハンニバル（前二四七～一八三年）に勝てるとの神託を受けて、前二〇五年に移送された。到着した石は、すぐさまパラティヌスの丘に安置されて神体となった。このキュベレーの石は帝政後期まで信仰され、ローマの安寧と繁栄を支える七つ道具の一つに数えられた。二一八年にヘリオガバルス（二〇四～二二二年）が即位した際には、エメサ（現シリア領ホムス）の黒石がローマに運ばれ、その三年あまりの乱れた治世の間ずっと、アポロン神にかわる信仰の対象とされた。

以上の隕石は残念ながら、いずれも現存していない。

2 中世

八六一年〔貞観三年〕五月十九日に、九州の直方市（のおがた）にある村に隕石が落ちた。神社の境内で拾われた隕石は、木箱に納められて現在まで社宝として保管され、その由緒が代々口伝されてきた。石片を隕石の専門家が入手したのは、一九七九年のことだ。調査の結果、隕石であることが確認され、普通コンドライトに分類された。この直方隕石は、落下が目撃され、現代にいたるまで破片が保存されている最古の隕石である。

隕石の落下を記録した中世の文献は、ヨーロッパにはまったくと言ってよいほどない。わずかな記録のほとんどは、年代記や歴代誌の中にひそんでいる。隕石は大気が凝結してできたと考えられていて、その落下は奇譚となっていることが多いからだ。子牛や山羊が落ちてきた、乳が降ってきた、鮫(さめ)の歯が飛んできた、といった具合である。

ペルシアの哲学者イブン・シーナー(九八〇〜一〇三七年)が錬金術と鉱物を論じ、一三〇〇年頃にラテン語訳された『鉱物論』の中に、石の雨についての言及がある。鉄と石の二種類の石が降ってきたという記述は、隕石分類の草分けをなすものであり、彼が隕石をよく知っていたことは明らかだ。隕石落下を存命中に目撃したことを窺わせる記述もある。「私の時代に、ジューザーナーン地方(現アフガニスタン北部)で、およそ一五〇マナ(一三五キログラム前後)の重さの塊が、空から地上に落下した。それは壁に打ちつけられた球のように跳ね返り、また落ちてきた。落下時に恐ろしい音がしたので、なにごとかと何人もが駆け寄って、この塊を見つけ、ジューザーナーンの総督のところに運んでいった。」

3 ルネサンス〜啓蒙期

クリストファー・コロンブス(一四五一〜一五〇六年)のアメリカ大陸発見から数週間後の一四九二年十一月七日のこと、一二七キログラムの隕石が(現フランス領アルザスの)エンシスハイムに落下した。その時の轟音は一五〇キロメートルあまり離れた場所でも聞こえた。近隣四〇キロメートル南方のバーゼルにいた若きアルブレヒト・デューラー（一四七一〜一五二八年）は、この時の流星を記憶に焼きつけて、ヴェネツィア滞在中の一四九四年に水彩画帖に描いている。エンシスハイムの住民は、隕石がえぐった孔に群がった。そして代官から禁令が出るまでの間に、多数の破片を魔除けやお守りとして持ち去ってしまった。最大の石塊は、奇跡のしるしとしてエンシスハイムの教会に納められた。こちらは革命期に引きずり出され、一七九三年に地元の博物館に移されることになる。

エンシスハイムの石については、詩人セバスティアン・ブラント（一四五八〜一五二一年）の手になるラテン語詩とドイツ語詩が、たちまち檄文としてバーゼルの町に出回った。この石は、神聖ローマ帝国の皇太子であるオーストリア大公マクシミリアン（一四五九〜一五一九年）へのお告げであって、一年前に妃のアンヌ・ド＝ブルターニュ（一四七七〜一五一四年）を奪ったフランス王シャルル八世（一四七〇〜一四九八年）の討伐を促しているという。マクシミリアンがフランス軍に対して、二か月後の一四九三年一月十七日にドゥルノンの戦いで勝利を収めると、エンシスハイムの石の評判は不動のものとなる。一五二八年には高名な哲学者・医学者のパラケルスス（一四九三〜一五四一年）が、石の調査に訪れた。彼の結論によれば、この石は塩でできており、地上の物質と変わりない。形成されたのが大気上層だったというだけのことだ。つまりエンシスハイムの住民は、迷信やら教会やらにとらわれているにすぎない。一七七一年にアルザスに滞在していたゲーテ（一七四九〜一八三二年）もまた、エンシスハイムの石を調べ、いくつもの石が畑に落ちてくるのを見たという人々を迷妄の一言で片づけた。

隕石の落下に対する啓蒙期の学者の態度は、ともすれば誇張的に描かれがちだ。開明的であったくせに、石が落ちてきたという農民たちの証言を軽んじたという捉え方である。アントワーヌ・ラヴォワジエ（一七四三〜一七九四年）をはじめとする科学アカデミーの科学者たちのエピソードは、科学史家マイケル・ポラニー（一八九一〜一九七六年）に見られるように、科学史の定番イメージになってしまっている。「一八世紀を通じて、フランス科学アカデミーは、隕石の落下を示す証拠を頑強に否定していたのだが、それはその他の人々には十分すぎるほど明白なことだったのだ。アカデミーは、そうした天の干渉にたいして民衆的伝統が結び付けた迷信的信仰に反対した結果として、その問題の事実に対して盲目になってしまったのである。[1]」

(1) マイケル・ポラニー『個人的知識』、一九五八年〔長尾史郎訳、ハーベスト社、一九八五年〕。

一七六八年にフランスの〔北西部〕リュセに落ちた隕石の話だが、オーギュスト＝ドニ・フジュルー＝ド＝ボンダロワ、ルイ＝クロード・カデ＝ド＝ガシクール、そしてラヴォワジエが一七六九年に執筆し、一七七七年に発表した論文を注意深く読めば、この出来事を証言した農民に対する侮蔑など微塵も認められない。彼らがリュセの石の地球外起源を認めなかった理由は、十八世紀半ばに可能だった限りでの化学的分析の一言に尽きる。それから数十年後には、ニッケルの存在によって、空から落ちてきた石や鉄の地球外起源が証明されるようになる。しかし当時はニッケルを検出できなかったから、黄鉄鉱（パイライト）〔硫化鉄〕を含んだ砂岩という見立てになった。十八世紀の科学者の大半は、空から落ちてきた石の地球外起源を認めようとしなかったが、アカデミーの科学者たちがそう結論した理由は、ポラニーの主張するように偏見にではなく、当然ながら科学的な分析にあったのだ。

一七七二年に重要な出来事が起きる。シベリアの町クラスノヤルスクの近隣一五〇キロメートル付近で、重さ一トン近い鉄の塊が、〔ドイツ出身の〕ロシアの博物学者ペーター・ジーモン・パラス（一七四一〜一八一一年）によって再発見された。この鉄塊は地元のタタール族には知られていて、博物学を趣味とするコサックの鍛冶屋、ヤーコフ・メドヴェージェフが一七四九年に山中から見つけ出し、三〇露里（ヴェルスタ）〔三〇キロメートルあまり〕先の鍛冶場に運びこんでいた。そして今度はパラスによって、再発見から四年後の一七七六年にサンクトペテルブルクへと移送され、ピョートル大帝（一六七二〜一七二五年）が開設した珍品博物館（クンストカメラ）に陳列された。

サンクトペテルブルクの科学アカデミーは「パラスの鉄」の発見をすぐさま諸国の学術団体に伝えた。「パラスの鉄」の重要性は、それが古代の製鉄の産物としては説明がつかず、初めて地球上に出現した「自然鉄の塊」だという点にある。その起源をめぐる問題が、全ヨーロッパの科学界に突きつけられたのだった。

Ⅱ　十八世紀末の転換点

1　クラドニの大胆な仮説

一七九四年に、ヴィッテンブルク出身の学者エルンスト・フロレンツ・フリードリヒ・クラドニ（一七五六〜一八二七年）が、六三ページの小冊子『パラスによって発見された鉄塊および類似の鉄塊の起源、ならびにそれらに関連する自然現象について』をライプチヒとリガで同時出版した。関連する自然現象とは、流星、火の球、および石塊の落下を指す。クラドニによれば、流星と石塊（あるいは鉄塊）の落下は同じ一つの現象、つまり地球外物体の超高速での大気圏突入の二つの側面をなす。パラスによって発見されたものと類似の鉄塊は、古い時代に地球に落下した物体である。クラドニの主張では、天から落下した鉄塊や石塊は、地球のものではなく惑星の破片か、あまり大きく凝集できなかった小天体の破片だということになる。

この著作が好意的な反応を得たとは言いがたい。科学者の大半の考えでは、惑星間空間に固体物質が存在しうるなどというのはニュートン物理学（およびアリストテレス物理学）に背いている。石が落ちてくるのを見たと証言する者（多くは農民）の素性や人柄も怪しいものだ。とはいえ、ゲッティンゲンの博物学者ヨハン・ブルーメンバッハ（一七五二〜一八四〇年）のように、クラドニの説を全面的に支持する学者もいた。「（……）クラドニは信じられないほどの学識と理路によって、これらの鉄塊が鉱物学の領分ではなく、気象学と天文学の領分に属することを論証しました。（……）それらは地上でもなく、我々の惑星の大気中でもなく、かなたの宇宙の領域で形成されたものです。（……）これらの小片は金属質の流れ星にほかなりません。[1]」

（1）ロンドンの王立協会の会長、ジョゼフ・バンクス卿（一七四三〜一八二〇年）宛てに、一七九四年九月に送られた書簡。

フランスや英国、スイスやドイツをはじめとするヨーロッパの科学界で、隕石の起源をめぐる激しい論争が繰り広げられた。一七九四年にイタリアのシエナ、九五年に英国のウォルド・コテッジ、九六年にポルトガルのエヴォラ・モンテ、九八年にインドのベナレス、と隕石の落下は大いに話題になっていた。また他方では、ドーヴァー海峡の両岸で科学誌の発刊が相次いで、一般公衆にも知識が広がっていた。このような背景の下で起源論争は白熱した。ジョゼフ・バンクス卿のように、天からの飛来を信じつつも、形成の場は大気中にあると考える者もいた。スイスの地質学者ギョーム＝アントワーヌ・ド＝リュック（一七二九〜一八一二年）のように、噴火や嵐で飛ばされた地球の石であるとの信念を曲げない者もいた。

2 ハワードの化学分析

一八〇二年にジョゼフ・バンクス卿の指導により、エドワード・C・ハワードという青年化学者（一七七四〜一八一六年）が、落下の目撃された四つの石塊と四つの自然鉄それぞれの（金属質の）切片を分析した。そして、調べた試料がいずれも約一〇パーセントのニッケルを含んでいることを示し、共通の起源をもつとの結論にいたった。ハワードによれば、何千キロメートルも離れた別々の地点で発見され、落下した時代も異なる物体に共通の特性が見られるという事実は、クラドニの大胆な仮説の裏づけになる。彼がこのような成果を上げげたのは、イングランドに住んでいたフランスの鉱物学者、亡命貴族のブルノン伯ジャック＝ルイ（一七五一〜一八二五年）のおかげである。四つの岩石はコンドライト（二〇ページ参照）にほかならず、そこから奇妙な球粒（コンドルール、九三ページ参照）、黄鉄鉱（硫化鉄）、金属粒を分離したのがブルノン伯だった。そして、そのうちの金属粒が、鉄隕石と同等の高いニッケル含有率を示したのだ。もしハワードが全岩の分析に甘んじていれば、ニッケル含有率の高さを発見することも、天から落下した石塊を自然鉄と関連づけることもできなかっただろう。

ハワードが化学分析の結果を示した後も、隕石の地球外起源を疑う者は多かった。その一人がフランスの医学者・物理学者のジョゼフ・イザルン（一七六六～一八三四年）であり、「大気岩石学」という副題つきの著作『空から落下した石塊について』を一八〇三年にパリで出版した。この副題からして、イザルンがハワードの化学分析を信じていなかったことは明らかだ。『ジュルナル・デ・デバ』紙のエティエンヌ・ジョンド記者のように知識水準の高い公衆の一部も、イザルンと同様に疑念をもっていた。「イザルン氏の見解は、小紙がすでに伝えた見解と完全に一致する。これらの石塊は大気中で形成されたものである以上、天から落ちてくるはずがないということだ。（……）御安心めされよ。我々は月と交戦状態にあるわけではない。この地上で敵対行為をはたらき、地上の幸福を乱しているのは、我々の惑星そのものなのである。万事は空中、すなわち雷や雹（ひょう）、嵐が集う巨大な実験室で起こっている。イザルン氏の著作を読めば、本を閉じながら、こう言いたくなるだろう。例の現象は説明がついた、原因は至極単純であって、陽の下に新奇なことは何もない、と。[1]」

（1）『ジュルナル・デ・デバ』、一八〇三年八月二十九日付。

3　ビオの現地調査

こうした形勢を一変させたのが、一八〇三年四月二十六日に落下したレーグル隕石だ。その日の空は穏やかで澄んでいた。当時は家畜市が立つ町として知られていた下ノルマンディのレーグルに、何千個もの石が降り注いだ。五月九日付の『国立研究院数学・物理学群紀要』に、最初の報告が掲載された（同研究院は一七九五年八月二十五日に王立科学アカデミーから改組された）。四月にレーグルで起きたという石片の落下に関する心証と物証を現地で得るべく、ジャン＝バティスト・ビオ（一七七四～一八六二年）がパリを出発したのは、六月二十六日のことである。心証については、さまざまな立場と年齢の人々への質問から得られた。それらの人々は「職業も生活習慣も信条も多岐にわたり、相互にほとんど交渉がなかった」にもかかわらず、「それで何か得になるわけでもない一つの同じ事実を、俄然一致して確言するのであった」。物証については、付近の石を丹念に調べ、天から落ちてきた石と比較した。また、原因となりそうな火山活動や事業活動がなさそうかも探した（が、見あたらなかった）。どうやら四月二十六日にレーグルに出現した石は、付近の石とは何の関係もなく、天から飛来したとされる既知の石塊と似ているようだ。七月五日にパリに戻ったビオは、それから一三日後に研究院の会員一同の前で報告書を読み上げる。「革命暦十一年花月六日（一八〇三年四月二十六日）にレーグル付近で石片の落下が発生した」というのが結論だ。

八月に公表されたビオの報告書をもって、隕石の起源論争は終結した。一か月後の『ビブリオテーク・ブリタニーク』誌に、スイスの物理学者ピエール・プレヴォ（一七五一〜一八三九年）が次のように書いている。「物理学において隕石の落下ほど明らかに証明された事実は少ない。疑念は数か月で確信に変わった。革命暦十一年花月六日の流星、およびレーグル北方で発生した石の雨に関する市民ビオの報告書は、その点で申し分のないものである。」

隕石落下地域に初めて出向いた科学者となったビオの報告書は、石が落ちてきたという現実の受容を促す大きな力となった。クラドニの場合は古今の著作から、石の落下、自然鉄の発見、流星の観測に関する記述を洗い出し、それらに基づいて仮説を立てている。それに対してビオはレーグルに足を運び、調査や質問、検証や比較を行なった。そしてナポレオン時代の他の学者とともに、科学的な現地調査という道を切り拓いた。ビオの現地調査と不即不離の関係にあるのが、帝政をめざす終身統領ナポレオンの整備した政治・行政機構である。ナポレオンと県長官の目は、いかなる経済・社会現象も見逃してはならず、英国との激しい競争にさらされていた統領配下の学者たちは、いかなる物理現象も理解しなければならなかった。ビオのレーグルへの派遣は、自身も学者の内務大臣ジャン＝アントワーヌ・シャプタル（一七五六〜一八三二年）により、「去る花月六日にレーグルに出現した流星に関する正確な情報を得るため」に決定された。そしてレーグルの落下現場に到着する前にビオが会合した人々は、国立土木学校（ポンゼショセ）の技師たち、公共事業中央学校の教授陣、国立研究院のレーグル支部員、それに県長官という顔ぶれが並ぶ。このように科学分野にも展開したナポレオン期の行政・政治機構の下で、隕石は科学の対象へと変貌したのだ。

ビオの報告書が広く読まれて理解されたのは、彼のみごとな文体の力も大きい。ここで場違いな文芸評論をするつもりはないが、ビオに文才があったことは強調しておくべきだろう。彼は五三年後にアカデミー・フランセーズの会員に迎えられた時のスピーチで、後進の科学者たちが「文学の勉強によって精神の発条(ばね)を使い、ほぐし、磨く」ことを奨励し、続けてこう述べている。「文学を軽蔑する人たちに耳を貸してはいけません。そうした人たちが文学の素養に乏しい分だけ学識に富んでいるなどということは、聞いたためしがありません。諸君に微妙な思考や文体のニュアンスを教え、思いついたアイデアを理解の形で完成させ、適切な言葉で明瞭に表現する技法を授けてくれるものは、文学のほかにありません。そうした準備をしておけば、科学の第一の関門も、たやすく越えられることになりましょう。」

Ⅲ　十九世紀――系統的な研究の始まり

隕石の地球外起源が確立され、十九世紀には系統的な研究が進んでいく。十九世紀を通じて（落下目撃隕石と発見隕石を合わせて）五五〇〇個の隕石が確認され、それらに化学者や鉱物学者、結晶学者や地質学者が取り組むことで、隕石は一挙に学際的な研究分野となった。

第一に、隕石を地球の岩石と区別する基準が確立された。一八〇六年にフランスでアレ隕石、〇八年にモラヴィア（現チェコ共和国）でスタンネルン隕石、一五年にフランスでシャシニ隕石が落下すると、事態は複雑化した。この三つの隕石（それぞれ炭素質コンドライト、物質分化したエコンドライト、火星隕石。二〇ページ参照）にはニッケル、つまりハワードが区別の決め手とした元素が含まれていなかったからだ。そこで、大気圏突入時に形成される溶融皮殻が、判定基準として導入されたが（四七ページ参照）。すでに隕石の地球外起源が認められ、隕石の種類も増えていたから、判定の問題はさほど紛糾せず、現代と同じ基準がこの時期に確立されている（七二ページ参照）。

有機・無機の分析化学の発展を背景として、隕石の化学組成の決定が重要な研究テーマとして浮上する。ルイ＝ニコラ・ヴォクラン（一七六三～一八二九年）、イェンス・ベルセリウス（一七七九～

一八四八年）、マルスラン・ベルトロ（一八二七〜一九〇七年）などの分析化学者が、アルカリ元素（カリウム、ナトリウム）の計量、ニッケルとコバルトの分離、鉄の酸化状態の違いの考慮といった難しい課題に取り組んだ。個数が増え続ける隕石の研究は適確な分類を必要としていたが、化学と鉱物学を組み合わせた研究が一八三四年にベルセリウスによって開始され、分類方式も進展していくことになる。

　最初の分類は一八四〇年に、ウィーン自然史博物館の隕石研究員パウル・パルチュ（一七九一〜一八五六年）が考案したものだ。鉄隕石と石質隕石が区別され、石質隕石は正常グループと異常グループに分けられた。火星起源であることが一四〇年後に判明するシャシニ隕石と、この時点で見つかっていた（二つの炭素質コンドライトである）アレ隕石（フランス、一八〇六年）およびコールド・ボッケフェルト隕石（南アフリカ、一八三八年）が、異常グループに入れられている。一八六三年には、一五三点の標本を擁するベルリン大学鉱物博物館のコレクションに基づいて、グスターフ・ローゼ（一七九八〜一八七三年）がさらに進んだ分類を提唱した。鉄隕石と石質隕石を区別したうえで、前者は三つ、後者は七つに分ける。うちパラサイト〔パラスの石〕、ホワルダイト〔ハワードの石〕、メソシデライト（二三ページ参照）などは、現在でも用いられている。ブルノン伯が発見したケイ酸塩鉱物の小球をコンドルール（ギリシア語で「砂や香の粒」を意味するχονδρος（コンドロス））と名づけ、コンドルールが豊富な隕石としてコンドライトの分類を設けたのも彼である。

さらに別の分類方法も、一八六七年に提案されている。一八六一年から八四年までパリ自然史博物館の地質学講座主任を務めたガブリエル＝オーギュスト・ドブレ（一八一四〜一八九六年）によるものだ。金属鉄の含有率と分布を基準としており、ローゼの分類とよく似ていたが、後世には残らなかった。「スポラドシデール〔散鉄隕石〕」の下位分類が「クリプトシデール〔伏鉄隕石〕」といった具合に、ギリシア語起源の用語を多用したせいかもしれない。ドブレはむしろ、その実験的なアプローチによって歴史に名前を残している。実験宇宙化学は現代にいたるまで、ナンシー岩石学・地球化学研究センター（CRPG）はじめ、フランスで研究が盛んな分野だが、ドブレはその創始者の一人だと言ってよい。

新たな鉱物の同定や、隕石の構成要素の系統的な研究にあたり、鉱物学者や岩石学者、結晶学者に活用されているのが偏光顕微鏡だ。これを使うと岩石の微細構造を調べることができ、十九世紀半ばから地質学の必需品となっている。この分野で傑出した研究者にヘンリー・クリフトン・ソービー（一八二六〜一九〇八年）がおり、コンドルールを隕石固有の（つまり地球の岩石に存在しない）構成要素として同定した。彼はコンドルールを凍結した火の滴（しずく）になぞらえ、一八六六年の論文と一八七七年の論文で、その形成の場は原始太陽系星雲内の太陽近傍であったとする仮説（八七ページ参照）を示している。

Ⅳ　二十世紀――宇宙の時代

隕石に関心をもつ研究者が集まる国際隕石学会は、一九三三年に隕石研究学会として設立され、一九四六年に現在の名前に改称された。一九三三年八月にシカゴのフィールド自然史博物館で開催された第一回大会は、参加者一五名という規模だった。隕石研究が発展を遂げるのは、戦後になってからのことである。二十世紀の二つの大きな科学的発見、すなわち地球の年齢の決定（一九五六年）と恒星内元素合成機構の解明（一九五四年）には、隕石研究が大きく貢献した。

二十世紀後半には宇宙探査が始まった。なかでもＮＡＳＡは、一九六九年から七二年にアポロによる〔月の〕試料の持ち帰り（サンプル・リターン）に成功している。これを契機に、宇宙化学研究の国際的な組織化が進むとともに、新しい分析法の発展にもはずみがつき、実りの多い概念が続々と提出された。ある意味で現代の宇宙化学者は、一九七〇年代に月試料の研究を主導した人々の後継者である。七〇年代から八〇年代には太陽系の探査が進められ、隕石研究は太陽系研究という大きな枠組みに包摂されていく。

恒星形成領域を専門とする宇宙物理学者との間にも、ここ二〇年間で強力な連携が生まれている。そのような連携は、宇宙化学という小規模の学界（国際隕石学会の年次大会の参加者は二十一世紀初頭で平均数百人）が内輪にとどまらないための歯止めとなっている。さらに重要な影響もある。太陽系の形成という問題が、惑星系を伴った恒星の形成という総合的な視野で捉え直されることになったのだ。

第三章　地球上の隕石

I　大気圏突入

地球大気圏に突入する前の隕石を**隕石体**（メテオロイド）と呼び、隕石の大気圏突入による発光現象を**流星**（メテオール）と呼ぶ。

1　隕石体

「去る五月十四日午後八時に、われらが大気圏の西方から東方へと、〔フランス南西部の町〕モントバンの天頂近くをかすめながら、一つの流星が横切った。町の住民の語るところ、それは丸みを帯びた光の塊で、前方が後方よりもやや大きく、見かけの大きさは満月ほどで、あたり一帯を強い光で照らし出した。通過後の飛跡は最初はかなり太く輝き、次いで雲のようなものが何分も漂っていた。この流星はまさしく火球であり、南南東方面に三里（リュー）先にあるオルゲィユ村の上空で破裂した。流星が飛散して落下した後、遠雷のような音が聞こえた。割れた破片は最初は輝いていたが、輝きはすぐに消え、石の雨となって地面に降り注いだ。空に残された痕跡は灰色がかった白い雲だけで、それも数分後に消え失せた」。以上がトゥルーズ大学教授アレクサンドル・レムリ（一八〇一〜一八七八年）によるオルゲィユ隕石落下の記述である（ガブリエル＝オーギュスト・ドブレに宛てた報告、『科学アカデミー紀要』掲載、パリ、一八六四年）。

隕石体は毎秒一一〜七二キロメートルの**宇宙速度**で大気圏に突入する。隕石体の公転速度と地球の公転速度の差が突入速度となる。超高速での突入はめったに起きず、隕石が逆行軌道、つまり太陽系の大半の天体の軌道（順行軌道）と逆向きの軌道をとる場合に限られる。典型的な突入速度は毎秒一五〜三〇キロメートル程度だ。

隕石の地球上への落下は、右に引いた抜粋の通り、激しい音と光を伴う強烈な現象である。毎秒一二キロメートルの速度で着地した一〇〇キログラムの隕石（密度が一立方センチメートルあたり三グラム、空隙率がゼロとすると直径四〇センチメートル）の**解放エネルギー**は七二億ジュール、TNT火薬換算で二トン分にのぼる（広島に投下された原爆の解放エネルギーの約一万分の一）。このエネルギーは熱（隕石外面の溶融）、光（流星の出現）、音波（ソニック・ブーム）の形で拡散する。

隕石が大気圏に突入すると、まず激しい発光現象が起きる。それが**流星**〔大きなものは火球と呼ぶ〕で、高度八〇キロメートル付近で出現する。極めて明るいものは太陽に匹敵するほどだが、多くの場合は満月を超える程度の光度であり、時には数千キロメートル先から見えることもある。色はさまざまで、多くは白いが、隕石の組成や加熱温度によっては、黄色や緑や赤になる場合もある。撮像ネットワークあるいは偶然の観測によって流星が確認されれば、隕石の落下を察知することができ、軌道の決定（七八ページ参照）にも結びつく。

隕石体の大気圏突入は、よく大砲や雷にたとえられる音響現象も伴う。大気中の音速（高度によるが秒速三〇〇メートル前後）の三〇〜二〇〇倍にもなる速度の隕石体は、音速の壁を超えるからだ（**ソニック・ブーム**）。隕石体が破砕分裂して、複数の音波が地面で跳ね返り、複雑な音響を発生させることもある。現在では音波の分析から、隕石体の質量を推定できる。

隕石体の表面は、大気分子との高速衝突により、加熱されて溶融する。溶融した表面は気化し、大気圏内を下降するにつれて散逸する。隕石体が宇宙速度を失うと、表面が冷え、溶融と蒸発は止まる。地上に落下した隕石に見られる**溶融皮殻**は、最後に溶けてガラス化した表皮であり（溶融した鉱物が急冷によってガラス化する）、数ミリメートルの厚みをもつ。隕石の表面には、周囲の大気の乱流によって、拇印のような凹みができる場合もあり、**レグマグリプト**という（ギリシア語で「裂け目」を意味する ῥῆγμα（レーグマ）と「刻む」を意味する γλύφω（グリュプトー）に由来）。このレグマグリプトや溶融皮殻が、隕石と地球の岩石を区別する基準となる（第四章参照）。

隕石体は、それに匹敵する質量の大気とぶつかると、宇宙速度を完全に失う。減速の高度は、一〇〇キログラムの隕石なら二〇キロメートル付近といったように、質量の小さな隕石ほど高くなり、大気圏突入角度と初速度にも依存する。宇宙速度を失った隕石は、毎秒数百メートルの速度で**自由落下**する。

自由落下の時間は数秒である。地面に落下した隕石は、**貫入孔**をえぐる（クレーターと呼ぶのは巨大隕石によるものだけである。後述部分を参照）。孔の直径は隕石の直径の数倍になる。地面に見つかった隕石の**温度**については、人によって証言が違う。冷たかったと言う者もあれば（内部は摂氏マイナス一〇〇度前後の惑星間環境の温度を保つ）、熱かったと言う者もある（溶融皮殻は摂氏一五〇〇度前後にまで達する加熱を経ている）。

十九世紀には、落ちたばかりの隕石が強い**硫黄臭**を放っていたという証言が多々あった。もし本当なら容易に識別できるはずだが、硫黄臭のことは現代の落下記録には出てこない。二十一世紀初頭にもなって、魔女の宴を彷彿とさせるような臭いが隕石にあるなどと言えば、無知蒙昧を疑われてしまうに違いない。とはいえ、硫化鉄などの硫黄成分の気化や二酸化硫黄の生成により、実際に硫黄臭がする可能性は充分にある。

隕石体は大気圏内で破砕分裂することが多い。落下した石片の各々に溶融皮殻があることから、

破砕分裂は宇宙速度を失う前の高高度（二〇～三〇キロメートル）で起きることがわかる。落下した一群の石片が分布する区域は**楕円状落下地帯**をなし、その突端部分に質量の大きな石片が集まる。一八〇三年にフランスに落ちたレーグル隕石では、見つかった破片は数千個に及んだ。

破砕分裂はよく起こるため、一回の落下を原因とする複数の隕石が同じ区域で見つかることは珍しくない。**ペア隕石**と呼ばれるが、相伴うように落下してくる隕石が目撃された場合は一目瞭然なので、発見隕石についてしか用いられない。ペア隕石の判定は必ずしも容易ではない。鉱物学的特性、化学特性、同位体特性の一致だけでなく、落下年代（六五ページ参照）の一致も示す必要がある。

2　巨大隕石と衝突クレーター

質量が非常に大きく、**巨大隕石**と呼ばれる天体〔小天体〕は、宇宙速度を失うことなく超高速で地面にぶつかる。これを**超高速衝突**と呼ぶ。超高速衝突となる質量の下限は、隕石の着地角度、速度、性質によりけりだが、なかでも重要なのが隕石の性質だ。稠密(ちゅうみつ)な鉄隕石に比べ、石質隕石は隙間や割れ目が多く、大気圏内で破砕分裂しやすいため、衝突の威力も小さくなる。おおむね隕石体の質量が一〇〇〇トン（石質か鉄かに応じて直径六～一〇メートル）を超えると、超高速衝突の域に達すると言ってよい。

超高速衝突が起きると**爆裂クレーター**が生じる。衝突した巨大隕石はほぼ全面的に気化し、衝突された岩石も部分的に気化する。衝突時には破壊されなかった岩石鉱物にも、超高速衝突が生み出した衝撃波による変成が起こる。衝突クレーターのよい指標となる衝撃変成石英（クォーツ）や、衝突による熱変成と機械的変質を被った衝突角レキ岩（ブレッチャ）などである。巨大隕石の衝突による変成で生じた衝突角レキ岩は、たとえばフランス〔中西部〕のオート・ヴィエンヌ県ロシュシュアールで見られる。ここのクレーターは風化で消えていたが、角レキ岩の特性からクレーターの存在が判明し、年代も二億一〇〇〇万年前と特定されている。衝突クレーターの規模は一般的に、直径が衝突体の一〇倍前後、深さが直径の三分の一となる。

衝突が激烈な場合には、**テクタイト**〔ギリシア語で「溶けた」を意味するτεκτος（テクトス）に由来〕というセンチメートル規模のガラス粒ができる。衝突によって生じ、空中に高速で飛散した溶岩粒が固化したもので、〔ずんぐりした円柱状のチーズ〕ブトン・ド・キュロットあるいは涙の滴のような形状をなす。テクタイトが見つかる範囲は数千キロメートルに及び、衝突の激しさを物語っている。成分は主に地球物質であり、少量の地球外物質を含む。主要な分布域は四つあり、それぞれ成因となった衝突を異にする。オーストララサイトはクレーターが確認されていない。コートジヴォワールのテクタイトはガーナのボスムトゥイ湖クレーター、モルダヴァイトはドイツのネルトリンガー・リース・クレーター、米国テキサス州で見つかったベディアサイトはメリーランド州チェサピーク湾クレーターに由来する。

最初に同定された衝突クレーターは、米国アリゾナ州の**メテオール・クレーター**〔バリンガー・クレーター〕で、直径は一・二キロメートルにわたる。速度が毎秒一二キロメートル、大きさが五〇メートル級（四〇万トン）の巨大隕石によるものと考えられる。衝突は二万五〇〇〇〜五万年前に起こり、生じた解放エネルギーはTNT火薬換算で二五〇万トン分（広島原爆の一七〇倍）にのぼると推定されている。衝突した隕石の破片数万個がクレーター近傍で見つかっており、付近の峡谷の名からキャニオン・ディアブロ隕石と命名された。この隕石は鉄隕石である。

地球外からやって来た巨大隕石が、着地する前に大気圏内で爆発することもある。その一例が有名な**ツングースカ**事件だ。一九〇八年六月三十日の朝、東シベリアに出現した流星は、数千キロメートル先からも見え、その爆発はドイツのイェーナの地震計でも記録された。爆心地から二〇キロメートル圏内の木は焼かれ、四〇キロメートル圏内の木はなぎ倒された。当時のロシアも直後のソ連も政治的動乱期にあったうえ、僻地で起きた事件だったため、調査団はようやく一九二七年になって派遣されたが、クレーターも隕石の破片も見つからなかった。数十メートル規模の彗星の核が、高度一〇キロメートルで爆発したという説が有力である。

衝突クレーターは風化したり、堆積物で埋まったりしたものが多く、判別は容易ではない。地表はプレート運動によって常に更新されているため、非常に古い時代のクレーターは完全に姿を消している。そのような風化した古いクレーターのことを**隕石痕**（アストロブレム）という（ギリシア語で「噴出」「打撃」「傷」を意味するβλῆμα（ブレーマ）に由来）。一〇〇メートル～二〇〇キロメートル規模の衝突クレーターは地上に一一〇か所あまりあり、うち一五か所では付近から関連の隕石物質が見つかっている。それら以外は、形状や岩石の性質からクレーターと判定された。

3　微隕石と流星

微隕石は大気圏上層（高度八〇～一二〇キロメートル）で減速する。サイズが小さく、宇宙速度を失う高度が高いため、聞こえるほどの音響現象はないが、発光現象は生じる。いわゆる流れ星だ。非常に高い加熱温度に達した微隕石は完全に気化する。気化せずとも完全に溶融して、**宇宙球状粒子**（スフェルール）となるものもある。溶融しなかった微隕石でも、大部分は鉱物や組織に変化をきたしている。

大気圏上層で減速した微隕石は自由落下する。落下時間、つまり大気圏内にとどまる時間は、微隕石のサイズに依存する。一マイクロメートル程度の小さいもの〔惑星間塵〕は数週間とどまってくれるので、成層圏内で採集することができる（五六ページ参照）。ミリメートル規模のものは数分で落下してしまう。

Ⅱ　地球外物質の採集

1　隕石の採集

隕石と微隕石は地球各地に無差別に落下するが、年間の落下数はたいしたことがない。質量一キログラム以上の隕石で年間四四〇〇個ほどだ。多いように思われるかもしれないが、その大半は地球表面積の七一パーセントを占める海洋や、人の少ない地域に落ちてしまう。**落下時目撃隕石**は年間数個から一〇個あまりしかない。

このため隕石コレクションの充実を目的として、採集調査が組織的に実施されている。対象地域は隕石が集まっていて、地球環境による変質を最も受けにくいところ、つまり砂漠である。数万年間ずっと気候変動のない乾燥地、というのが砂漠の定義であり、そこに落下した隕石は、雨や環境中の湿気による洗浄作用を数百世紀（最長五万年）にわたって免れる。

隕石の組織的な採集が行なわれている砂漠は、サハラやイエメン、オマーン、あるいはチリ北部のアタカマなどだ。サハラで採集された隕石は六〇〇〇点近くにのぼると見られるが、大半が持ち去られてしまった。この天然資源は残念ながら、当事国（アルジェリア、モロッコ、リビア）にはほとんど利益をもたらさず[1]、大部分がヨーロッパの商人や科学者の手に渡っている。

（1）火星隕石や月隕石など一部の隕石は、かなりの高額で取引されている。

隕石の組織的な採集にあたっては、**南極**もまた独特の役割を果たしている（一一ページ図1参照）。南極は一二五〇万平方キロメートルの面積をもつ大陸で、その岩盤は氷床で覆われ、表層はまだ圧縮されていない雪（積雪層）でできている。気温と湿度が低いために数百万年前の隕石が（低温保存状態で）保存されているだけでなく、一九七〇年代初めに偶然発見されたように、隕石の集積機構（図4）が存在する。

一九六九年十二月のこと、日本の氷河学者らのグループが、やまと山脈（一一ページ図1参照）近くの裸氷（ブルー・アイス）の上で、九個の隕石を偶然発見した。それらは五〇平方キロメートルの範囲に集まっており、同一の落下（複数片の落下。四九ページ参照）によるものと思われた。ところが分析の結果、それぞれ異なる隕石種であることが判明し、何らかの集積機構の存在が想定されるようになった。

南極隕石の集積機構は一九七〇年代に解明された。隕石が落下した積雪層は徐々に氷に変わる。氷が五〇万～一〇〇万年という長時間で沿岸部へと向かう運動が、隕石もいっしょに運んでいく。隕石を含んだ氷が南極横断山脈をはじめとする岩石に阻まれると、沿岸部に向かう運動が止まる。南極の

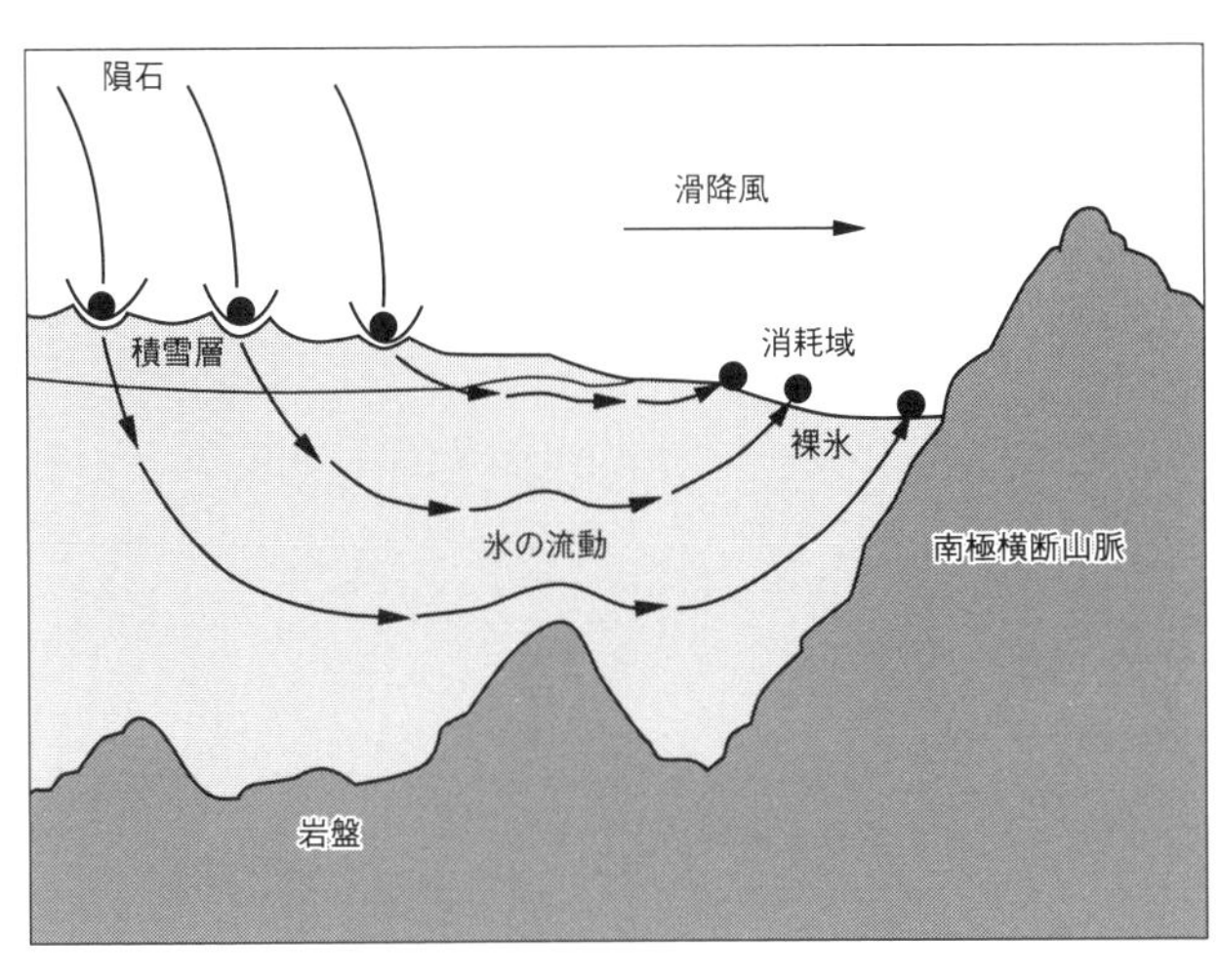

図4　南極隕石の集積機構（マクスウィーンによる模式図）

中部と沿岸部の間には、急降下によって加速された**滑降風**（カタバチック）（ギリシア語で「斜面下降」を意味する *καταβατικός*（カタバチコス））が吹きつけている。沿岸近くでは毎時三〇〇キロメートルに達する滑降風により、氷（不純物が少ないため青色）が消耗して、裸氷域の表面に隕石が露出する。あとは隕石を拾えばいいだけだ（図4参照）。

この集積機構が明らかになって以降、南極で発見された隕石は約二万五〇〇〇個にのぼる（うち一万六四七一個は日本の調査隊による）。調査隊は米国、日本、また数年前からは中国が定期的に組織している。イタリアの国家南極調査プログラム（PNRA）をはじめ、ヨーロッパ諸国も組織的な隕石探査隊を派遣している。

2 微隕石の採集

微隕石の組織的な採集を初めて行なったのは、一八七二年から七六年のチャレンジャー号による海洋探査である。巨大な磁石で海底を浚渫(しゅんせつ)し、数千個の宇宙球状粒子を回収した。

成層圏内では、ドン・ブラウンリーおよび一九七四年からNASAによって、数千個の微隕石が採集されている。これらは学術文献では惑星間塵（Interplanetary Dust Particles）の略号からIDPsと呼ぶ。成層圏航空機（WB57F機、U2機、ER2機）の翼の下にシリコン・オイルを塗った板を設置しておき、成層圏内に滞留する微隕石に高度二〇キロメートル地点で曝露する。この方法で採集できるのは四〇マイクロメートル未満のものに限られる。それより大きいと大気圏内にとどまる時間が短すぎて、採集できるほどの量がこの高度にないからだ。現在は年間一五回前後の飛行が実施され、一回につき一〇枚ほどの採集板が取りつけられている。

極地の氷床でも、一九八四年から採集が実施されている。採集法はフランス国立学術研究センター（CNRS）オルセー・キャンパスのミシェル・モレットが開発し、最初はグリーンランド、次いで南極沿岸部アデリー・ランドのプリュドム岬で実施した。フランス極地研究所の資金援助を受けた四回のアデリー・ランド探査（一九八七年、九一年、九四年、九八年）で、溶融を経ていない微隕石が一〇万個以上、〔溶融を経た〕宇宙球状粒子も同じぐらい集まった。オルセーのグループは二〇〇〇年以降は、南極中部（ドームCの南緯七五度六分六秒、東経一二三度二〇分七四秒地点）で微隕石を採集している。スコップで雪をすくい取り、融解器（容量一立方メートル）にかけてから濾過するという方法が、ジャン・デュプラによって開発され、一立方メートルあたり微隕石一〇〇個、宇宙球状粒子四〇個前後が回収された（二〇〇五年から〇六年の探査）。

この方法には二つの利点がある。第一に、微隕石が水に曝露される時間を短縮できるため、当初の特徴が保たれる。第二に、ポンプを用いずにすむため、とりわけ脆い塵でも機械的破壊という惨事を免れる。中部での三回の探査（二〇〇二年、〇二年、〇五年）で採集された微隕石は約三〇〇〇個にのぼり、以前の探査結果に含まれていない種類のものも見つかった。

フランスに続いて他の諸国も、微隕石の採集プログラムを展開した。米国隊の活動は南極点基地の飲用水井戸で、日本隊の活動は数次にわたってドームふじ基地や、やまと山脈（一一ページ図1参照）で実施された。

南極横断山脈上で数百万年前から露頭となっている地点からも、近年フランスとイタリアの合同隊（エクス・マルセィユ大学とシエナ大学）が微隕石を発見した。このように新たな探査が重ねられることで、従来ほとんど見つかっていなかった一ミリメートル超の微隕石についても、かなりの数が集まるようになってきた。

Ⅲ　地球外物質のフラックス

単位面積あたり単位時間あたりに落下する地球外物質の量を地球外物質のフラックスといい、地球全体、つまり五億一〇〇〇万平方キロメートルあたりの年間トン数で表わすのが通例である。また微隕石、隕石、巨大隕石（小惑星および彗星）を分けて算出する。大型になるほどフラックスは減る。地球上に落下する隕石よりも微隕石のほうがはるかに多く、巨大隕石よりも隕石のほうがはるかに多い。

微隕石のフラックスは、一九八四年四月にスペース・シャトルのチャレンジャー号から放出された長期曝露試験衛星（ＬＤＥＦ）によって、大気圏外で計測された。複数のアルミ板を六年近く曝露した後に、コロンビア号で回収して地球に持ち帰った。大小の孔の分布から微隕石衝突の質量分布を推定し、総フラックスを計算したところ、年間三万トン前後という値が得られた。一ミリメートル未満のもののフラックスについては、地球上での計測結果もある。ドームＣで採集された個数を地球全体に外挿するという方法だ。こちらの値は年間六〇〇〇トン前後となった。大気圏外の数値と地上の数値の違いは、大気圏突入時に一部が気化したからだと考えられる（五二ページ参照）。

　隕石のフラックスは、流星の組織的観測や、砂漠隕石の個数から算出されている。前者についてはカナダの隕石観測記録プログラム（ＭＯＲＰ）が、一九七四年から八五年にかけて、地表面一三〇万平方キロメートル分の上空の観測を行なった。その結果、質量一〇グラム〜一〇〇キログラムの範囲をとれば年間七トン、質量一〇グラム〜一キログラムの範囲をとれば年間五四トンと算定された。一キログラム以上について個数で言えば、地球全体で四四五〇個となる。

　砂漠隕石の個数をもとにする方法の場合は、長期的な（およそ五万年来の）集積が見られる特定区域内の個数を数え、砂漠の地表年代と隕石の消失率（地球風化による。六四ページ参照）からフラックスを割り出す。この方法では質量一〇グラム〜一キログラムの範囲で年間三〜七トンという値が得られたが、これは現在値ではなく、過去五万年分の値である。隕石のフラックスの数値は、二つの方法による結果に整合性があるため、過去五万年にわたって変動がないと考えてよさそうだ。

　一〇〇キログラム以上の大型隕石については、数が非常に少ないため、年間に地球上に落下する質量を論ずる意味はあまりない。衝突頻度や平均落下間隔を与えるのが普通である。衝突頻度を算出するには、地球と月のクレーターの個数、地球近傍小惑星の大きさの分布、衛星によって取得したデータなど、さまざまな方法が用いられる。物体の質量、衝突時の解放エネルギーで生じるクレーターと

質量（kg）	クレーターの直径（km）	頻度（年間件数）	間隔（年）
0.1		13 710	
1		4 422	
10		674	
100		40	
1 000		2.2	
10 000		1×10^{-1}	10
100 000	0.08	1×10^{-2}	99
1 000 000	0.2	1×10^{-3}	981
1×10^{7}	0.5	1×10^{-4}	5 363
1×10^{8}	1.1	6.1×10^{-5}	16 410
1×10^{9}	2	2.5×10^{-5}	40 400
1×10^{10}	3.6	1.4×10^{-5}	72 420
1×10^{11}	6.5	7.7×10^{-6}	129 800
1×10^{12}	11.7	4×10^{-6}	251 000
1×10^{13}	21.3	1.5×10^{-6}	647 400
1×10^{14}	38.8	5.4×10^{-7}	1 840 000
1×10^{15}	70.5	1.8×10^{-7}	5 434 000
1×10^{16}	128	3.9×10^{-8}	25 560 000
1×10^{17}	234	8.3×10^{-9}	120 200 000

表1　衝突頻度表

衝突頻度との相関を表1に示す。

ここに掲げたのはもちろん統計的な推定値であり、10^{16}キログラム〔一〇テラトン＝一〇兆トン〕の小惑星がちょうど二五五六万年ごとに飛来するわけではない。そのような事件の平均間隔がおよそ二六〇〇万年という意味であり、数値の確度もかなり低い。ツングースカ級の事件（秒速一二キロメートルとして、直径五〇メートル、TNT火薬換算で五〇〇万トン分、つまり広島原爆の三〇〇倍）なら、約四〇〇〇年間隔となる。

Ⅳ　衝突と生物圏

巨大隕石が地球に飛来した場合には、生物圏が壊滅的な被害を受ける可能性がある。衝突した小惑星や彗星の大きさが一キロメートル、クレーターが一〇キロメートルを超える規模になると、地球全体に気候変動が生じると考えられている。当然ながら統計的な数値ということになるが、この規模の巨大隕石の飛来は約二〇万年ごとに起こる（表1参照）。質量が極めて大きい（大きさが一〇キロメートル以上の）場合は、大量絶滅の発生もありうる。この規模の巨大隕石の衝突の間隔は一億年前後と算出される。

最も有名な大量絶滅が起きたのは六五〇〇万年前、白亜紀から第三紀への移行期である。恐竜をはじめとする動物種の九五パーセントが、この時にいなくなったと考えられている。白亜紀と第三紀の境界（KT境界。ドイツ語 Kreide-Tertiär に由来）にあたる堆積層には、隣接する堆積層に比べてイリジウムの過剰な集中が見られることが、米国の地球化学者ルイス・アルヴァレズのグループによって一九八二年に発見された。彼はこれを隕石が衝突した痕跡として解釈した。他の白金族元素と同じくイリジウムは、地球の地殻にはコンドライト組成〔九〇ページ参照〕に比べて乏しいからだ。

その後一九八九年に（カリブ海とユカタン半島にまたがる形でメキシコにある）**チクシュルブ・クレーター**が確認された。このクレーターの年代と規模（約二〇〇キロメートル）は、白亜紀から第三紀にかけての絶滅を引き起こした巨大衝突を示唆している。KT境界の堆積層からは、化石化したセンチメートル規模の隕石も一つ見つかった。始原的な隕石の炭素質コンドライトで、起源は小惑星か彗星にある（二三ページ参照）。天体力学的なアプローチによれば、恐竜の絶滅を引き起こした物体は、二億年前にバティスティーナ族[1]の小惑星が破砕分裂した際に放出されたらしい。恐竜の絶滅については、大半の科学者が隕石原因説を認めているが、他の原因も提唱されている。たとえば、（インドのデカン玄武岩台地を形成した）火山流出物の大規模な噴出時に膨大な火山性ガスが放出されて、当時の生物の大部分がそれにやられたという説がある。

（1）この説を否定する論文が本書の原著刊行後に提出されている〔訳注〕。

隕石原因説によれば、KT期の衝突はとてつもない火事を引き起こし、5×10^{16}グラム〔五〇ギガトン＝五〇〇億トン〕の煤煙を放出した。衝突時に大気中に飛散した塵や、チクシュルブの炭酸塩鉱物と硫酸塩鉱物の気化によるガスに、さらに火事の煤煙が加わった。そうして太陽光線が遮られたために、光合成は止まり、気候は一年から一〇年にわたって寒冷化した。酸性雨も降り注いだ。やがて大量の二酸化炭素が放出され、気候が今度は温暖化した。KT期の衝突が生物地球化学サイクルに及ぼした影響は、数十万年にわたって続いたとされる。

地球の生物圏あるいは特定地域を脅かす衝突は、その発生率が統計値である以上（先に述べた確率を制約として）いつでも起こりうる。大きさが一キロメートルを超える地球近傍小惑星、つまり大量絶滅を引き起こしかねない天体の九〇パーセントは、二〇一〇〜一五年頃までに発見済みとなるだろう[1]。それ以下の大きさの小惑星を確認するのは難しい。脅威となる小惑星が確認されてから衝突するまでには、一年から一〇年の期間があると考えられるが、彗星の場合はそれほどの期間はないかもしれない。

（1）小型のものも含め、二〇一五年末までに一万三五一四個の地球近傍小惑星が発見されている〔訳注〕。

それらの衝突の回避策として、宇宙で牽引作業を行なう、小惑星の近くで核爆発を起こす、黒い塗料を塗る（ヤルコフスキー効果を利用して、反射能（アルベド）を変えることで軌道を変える。八五ページ参照）、などが検討されている。

V　隕石の落下年代

隕石は地球大気と反応して、鉱物組成、化学組成、岩石学的特性が変わる。これを**地球風化**という。落下年代（以下参照）が古く、湿気の多い場所に置かれたままになれば、地球風化はなおさら激しくなる。落下目撃隕石のほうが当然ながら落下年代が若いため、発見隕石よりも保存状態はよいが、一九三一年にチュニジアに落下したタタウィン隕石では微生物の繁殖が確認されている。一八六四年にフランスに落下したオルゲィユ隕石の地球風化は特にひどい。一五〇〇年を経た現在、この暗色の隕石は白い脈（硫酸塩鉱物）に覆われて、全体がぼろぼろになってしまった。

湿潤な大気よりも乾燥した大気の中にあるほうが、大気との反応は起こりにくい。隕石の探査が乾燥地帯、つまり砂漠で行なわれる理由の一つもそこにある（五三ページ参照）。とはいえ砂漠でも落下年代が古ければ、亀裂が入って地球の鉱物で埋まったり、金属の酸化や有機物の変質、同位体組成や磁気特性の変化が生じたりする。

研究対象として望ましいのは、もちろん落下目撃隕石で、地球上での物理化学特性の経年変化が起きていないものだ。しかし残念ながら、それが常に可能とは限らない。発見隕石しか存在しない種類もあるからだ（たとえばCHグループの炭素質コンドライトや月隕石。二一ページ図3参照）。そのため、地球外での経歴を記録した特性、つまり私たちの研究対象と、地球上での経年変化という後天的な特徴を混同しないよう、地球風化作用を定量化する作業は欠かせない。

地球上で長い時間を経過したものもある発見隕石は、放射性年代測定法によって**落下年代**を測定する。隕石は宇宙を移動している間、宇宙線の照射を受けており（八三ページ参照）、放射性核種の生成が起きている。それらの放射性核種の一部は飽和に達する。つまり生成率と崩壊率が等しくなる。そのような核種の存在度は、以後は地球に到着するまで変動しない。ところが地球に到着した隕石は、大気によって宇宙線から保護されるため、以後は放射性核種の壊変だけが起こる。そのような核種の測定時点での存在度は落下年代だけに依存するから、これを測定すれば落下年代を知ることができる。考古学で用いる炭素一四法と同様の方法である。

砂漠で見つかった隕石（五三ページ参照）は、おおむね最大五万年前後の落下年代をもつが、オマーン王国のドーファ砂漠では、数十万年前の火星隕石と月隕石も一個ずつ見つかっている。南極隕石は、砂漠隕石よりも落下年代が古い。場所によって変動があるものの、たとえばアラン・ヒルズ山脈で一五万年、ルイス・クリフ地域で四〇万年といった値になる（一一ページ図1参照）。鉄隕石は一般的に石質隕石よりも地球風化を受けにくいため、最古の鉄隕石の落下年代は二七〇万年前後になる。しかしながら、約三〇〇万年前という最古の落下年代をもつのは、H4〔グループの普通〕コンドライト〔数字を伴う細分類については一一一ページを参照〕の石質隕石、〔南極の〕FRO01149である。

Ⅵ　こなたの隕石、かなたの隕石

1　フランスの隕石

二〇〇九年五月一日現在で、フランスには七一個の国内隕石がある。隕石が集積しやすい砂漠が国内にないため、うち六二個までが落下目撃隕石であり、落下目撃隕石の単位面積あたりの個数では上位に入る。比較のために挙げると、ドイツには全部で四九個（落下目撃隕石が三二個）、英国には全部で二一個（落下目撃隕石が一八個）しか国内隕石がない。[1] フランスの自慢は、CI1グループの炭素質コンドライト（九〇ページ参照）の落下目撃隕石が二個もあることだ。一八〇六年三月十五日に〔南部〕ガール県に落下したアレ隕石と、一八六四年五月十四日に〔南西部〕タルネ・ガロンヌ県に落下したオルゲィユ隕石だ（CI1の落下目撃隕石は世界に五個しかない）。この二個は、一八一五年十月三日に落下した火星起源のシャシニ隕石とともに、パリ国立自然史博物館の至宝となっている。これら第一級の試料のほか、自然史博物館には炭素質コンドライトがさらに二個、エンスタタイト・コンドライトが一個、ユークライトが五個、それにオーブライト（一一六ページ参照）の名前の由来となったオーブル隕石があり、保有点数は落下目撃隕石五一二個を含む一三四三個三三八五点にのぼる。この豊富なコレクションの相当数は当然ながら外国から、交換や購入、あるいは植民地支配を通じてもたらされた。自然史博物館は、貴重な資産の管理と活用という使命を果たすべく、世界各地の科学者や博物館からの貸与申請一三〇件前後に毎年応じている。

（1）日本には五〇個、うち落下目撃隕石が四一個〔訳注〕。

2　世界の隕石コレクション

隕石の主要なコレクションは先進諸国の自然史博物館が保有している。そこにはいくつもの理由がある。第一に、隕石の収集が始まったのは十八世紀のことであり、欧州列強の君主が競って珍品博物館を開設した（フランス、ロシア、英国、オーストリアなど）。次いで十九世紀に地球外起源が確立すると、一部の列強は植民地帝国の樹立に乗じて自国のコレクションを拡充した（フランス、英国）。さらに、宇宙化学の分野は基礎的で費用がかかるため、研究の発展が富裕国に見られることに不思議

機関	総点数	隕石個数	落下目撃隕石個数
ウィーン	8 500	2 341	416
ベルリン	8 000	2 281	353
ロンドン	4 806	1 938	673
パリ	3 385	1 343	512
ヴァチカン	1 201	527	254
モスクワ	25 000	1 230	
ワシントン	55 663	19 588	740
ニューヨーク	5 000	1 288	451
東京〔極地研〕	16 471	16 471	0
パース	> 10 000	408	4
シエナ	2 700	2 000	50

表2　各機関の隕石コレクション

はない。宇宙化学研究が最も盛んなのは、米国、日本、ドイツ、フランス、英国、カナダの六か国である。

落下時目撃隕石、つまり落下の瞬間が目撃されて回収された隕石の最大のコレクションは、ワシントンのスミソニアン協会にある（表2）。ロンドン自然史博物館、パリの自然史博物館がそれに続く。なお、総点数が多く見えるコレクションの一部は、歴史的隕石に比べて地球風化（六四ページ参照）が著しく、科学的意義の小さい南極隕石や砂漠隕石が大部分を占めている。

3　北欧の化石隕石

近年スウェーデンの採石場から、化石化した隕石が見つかった。ひどく風化していたが、化石化したコンドルールがあったため、隕石であることが判明した。種類はLグループの普通コンドライトで、落下したのは四億八〇〇〇万年前のオルドヴィス紀である。Lコンドライト隕石群が母天体から飛び出した年代は推定四億八〇〇〇万年前後であり、この化石隕石と完全に一致する。採石場で見つかった隕石の個数（四〇個）、掘り出された物質の量、および地層の堆積率から、オルドヴィス紀のLコンドライトのフラックスが計算され、現在の一〇〜一〇〇倍という値が得られている。Lコンドライトが母天体の小惑星から飛び出して間もない時期に、地球への落下が著しく増えたとしても不思議はない。

4 月面の隕石と火星上の隕石

アポロの月探査ミッションは、三八二キログラムの月岩石を持ち帰った。その中には二点の隕石が含まれていた。一つ目のベンチ・クレーター隕石（最大の径が三ミリメートル）は、一九六九年のアポロ一二号が持ち帰った月表土試料の中から同定されたもので、CMグループの炭素質コンドライト（二二ページ参照）である。二つ目のハドリー・リル隕石は、一九七一年のアポロ一五号が持ち帰った試料から発見されたもので、重量三ミリグラムのエンスタタイト・コンドライト（二二ページ参照）である。

二〇〇五年一月には火星探査車（ローヴァー）オポチュニティが、X線分光計を用いて、ラグビーボール大の鉄ニッケル隕石を同定した。この隕石は、地球上のコレクションに標本のないまま、国際隕石学会の公式認定を受けて『隕石ブレティン』九〇号に記載され（一一ページ参照）、火星上の発見地点（南緯一度五六分四六秒、東経三五四度二八分二四秒）の名前からメリディアニ平原隕石と命名された。NASAの探査車が火星で発見した隕石は他にも複数あったようだが、国際隕石学会への正式な登録申請はされていない。

5　地球起源の隕石はあるか

地球は大きいため、そこから岩石を引き剝がすのは容易ではない。とはいえ、非常に激しい衝突が起これば、地球の岩石が宇宙に飛び出す速度を得る可能性は当然ありうる（一九ページ参照）。

今のところ、地球起源の隕石は一つも見つかっていない。凄まじい規模の衝突によって地球から放出され、後に再び落下した隕石もあるかもしれないが、発見されたためしはない。月や火星のような他の惑星型天体でも、地球隕石が見つかったことはない。火星隕石の数（ペアリングの可能性を考慮しなければ七九個）や月隕石の数（同一二四個）からすれば、惑星から別の惑星への隕石の飛来は普通にあることだ。だが、地球は質量が大きいため、そこから月や火星に隕石を飛ばすのは、反対方向に比べて難しい。地球隕石が最も見つかりそうな場所は、火星よりも距離が近く、質量も小さい月である。しかし月には大気がないため、月面まで届けられる隕石は少なくなる。

時期的には、地球から月まで隕石を運ぶのに最も都合がよいのは、三八億年前の後期重爆撃期だ。この時期に、月面一〇〇平方キロメートルあたり二万キログラムの地球隕石が落下したという試算がある。月には隕石を破壊するような地質活動はない。しかし、月面は常に微隕石と隕石の爆撃を受けており、これらのフラックスが岩石の破砕分裂を引き起こすため、月面上の一キログラムの岩石の寿命は推定一〇〇万年で尽きる。もし人類が再び月に行くことがあったとしても、地球隕石を持ち帰る可能性は極めて低い。

第四章　隕石の見分け方

隕石と地球の岩石との違いは、第一に溶融皮殻（四七ページ参照）があることだ。溶融皮殻は隕石の種類によって微妙に異なる。コンドライトは無光沢だが、エコンドライトは光沢があり、鉄隕石はわずかに金属光沢がある。時間が経つと、鉱物が酸化して（つまり錆びて）溶融皮殻は茶色っぽくなってくるが、それと判別できないほど全体が錆びることはめったにない。ただし、溶融皮殻が風化して消え去ることはある。

形状面でのポイントは、一般通念と違って隕石の多くは稠密であって、見た目に空隙が多い物体ではないという点だ。表面はかなり規則的であり、白鉄鉱（マーカサイト）（二硫化鉄）の団塊のようなギザギザの凹凸はない。大気圏内を通過中に、先が丸まったピラミッド形になったり、レグマグリプト（四七ページ参照）が生じたりしたものもあるが、それらが一般的というわけではない。

割れ目があって内部が覗ける場合には、（金属光沢のある小さな粒状の）金属が見えるかもしれない。物質分化したエコンドライト、ルムルチアイト、それに稀少な各種の炭素質コンドライトを除き、大半の隕石は金属を含んでいるからだ。コンドライトであれば、コンドルール（一ミリメートルほどのケイ酸塩鉱物の細粒。九三ページ以下参照）を識別できるかもしれない。地球の岩石の中に存在しないような金属粒とコンドルールは、地球外物質の絶好の目印となってくれる。金属粒については、ごく少数がドイツやグリーンランドの岩石から見つかった例があるが、それらは非常に特殊な岩石だった。球状構造についても、地球の岩石の中に時たま見られることがあるものの、コンドライトとは容易に見分けがつく。

　隕石は金属を含むため、地球の岩石の大半より密度が高い（前者は一立方センチメートルあたり平均三・三グラム、後者は二・七グラム）。ただし、赤鉄鉱（ヘマタイト）や磁鉄鉱のような平凡な酸化鉄、あるいは精製を経た金属の中には、密度が隕石並みのものもある。**密度**を調べようとして、隕石を水その他の液体中に入れるのは絶対にやめたほうがいい。溶けやすい鉱物が破壊されるからだ。また、大半の隕石は（金属の含有率が高いため）磁性があるが、磁気特性が変質してしまうから、磁石には近づけないほうがいい。

図5　サムズ・ヴァレー鉄隕石中のウィドマンシュテッテン構造（©パリ国立自然史博物館）。テーナイトがカマサイトよりも暗く見える。

隕石と地球の岩石を区別するには、岩石中から金属を分離して、**ニッケル・テスト**を行なうという方法もある。地球上の金属や、金属と誤認しかねない鉱物と違って、隕石鉱物は必ずニッケルを含むと考えられるからだ。十九世紀初めにハワードが用いたアプローチ（三五ページ参照）と同じである。ニッケル・テストを行なうには、ある種の化学実験器具が必要になるので、詳細については巻末の参考文献を参照いただきたい。

鉄隕石であれば、ウィドマンシュテッテン構造による判定という方法がある。研磨した表面を酸処理することで現われる構造である（図5）。この方法は鉄隕石以外には使えない。ウィドマンシュテッテン構造は、非常にゆっくりと冷却された金属にのみ生じるものだからだ（一一九ページ参照）。

よく隕石と混同されるのが、白鉄鉱の団塊や、純度の高い鉄器である。ほとんどの場合は、専門家なら目視だけで隕石か、それとも地球の岩石あるいは人工物かを判別できる。高度な分析をするまでもないことが多い。もし読者のかたが隕石らしきものを見つけたら、鑑定のために国立自然史博物館の鉱物学・宇宙化学研究室にお持ちいただきたい[1]。住所はパリ五区ビュフォン通り六一番地、ウェブサイトについては巻末を御参照。

（1）日本ではお近くの自然史系や科学系の博物館に御相談ください。東京上野にある国立科学博物館（研究部は筑波）では隕石の同定依頼を受けています〔訳注〕。

もし空に流星が見えたら、以下の項目を書き留めて、自然史博物館にお知らせくださるとありがたい。軌道の推定に不可欠で、その流星に関連した隕石の発見にもつながるような項目だ[1]。非常に興味深い情報を提供してくれるのが監視カメラであり、その点ではなかなか存在意義がある。

（1）この点については、欧州火球ネットワークを主導するオンドジェヨフ天文台（チェコ）のパヴェル・スプルニー博士が御教示くださった。

一．流星を観測した正確な**日付**、および**持続時間**（秒単位で）。

二．流星を観測した正確な**場所**。

三．**流星の空中での位置**——方角（北、南など）と水平線からの角度（二〇度、三〇度、七〇度など）を記す。水平線近くにあった場合は、目印（建物、木など）を用いる。

四．**記録**——可能であれば、デジタル機器や携帯電話で写真や動画を撮る。写真や動画には、地上の目印を必ず入れておく。

五．**描写**——単一の物体か破砕分裂していたか、流星が徐々に消えたか急に消えたか、流星の端に黒い破片が見えたか。色合いの記述は、軌道の推定にはあまり役立たない。

六．**関連の観察**——もしソニック・ブームが生じていたり、流星とそれに続く音響に時間差があったりすれば、その点も記す。

第五章　母天体から地球へ

I　隕石の起源

隕石の起源は、クラドニの考えでは太陽系の外にあった。他方では、月起源説がピエール＝シモン・ラプラス（一七四九～一八二七年）によって唱えられ、それを踏まえて弾道計算に依拠した月火山起源説が、一八〇三年にシメオン＝ドニ・ポワソン（一七八一～一八四〇年）によって『学知愛好協会報』で発表された。小惑星起源説を初めて提唱したのは、英国の天文学者ロバート・P・グレッグ（一八二六～一九〇六年）で、一八五四年のことになる。パレルモの天文学者ジュゼッペ・ピアッツィ（一七四六～一八二六年）が最初の小惑星ケレス〔現在は準惑星に分類〕を発見してから五三年が経っていた。

大半の隕石の起源が火星と木星の間の小惑星群にあることは、現在では周知の事実となった。火星あるいは月から来たものはごく少数だ。隕石の一部は、もしかすると木星より外に軌道をもつ彗星が起源かもしれない。金星あるいは水星に由来する隕石は、今のところ存在が証明されていない。

1　月隕石と火星隕石

月を起源する隕石は一二四個、火星が起源と考えられる隕石は七九個ある。これらの隕石と月や火星がどのように関連づけられたかは、一二一〜一二五ページで論ずる。母天体が確実に同定された隕石は月隕石だけである。

2　小惑星起源の隕石

登録された隕石のうち、月隕石にも火星隕石にも属さない三万五九二〇個については、母天体を同定する作業が必要となる。これらは一三五種類に分類されている。惑星、準惑星、衛星の数が限られている以上、隕石の大半が太陽系内の小天体、つまり小惑星と彗星に由来することは明白だ。隕石の大半を占めるコンドライトが始原的である（物質分化していない）ことも、小惑星（または彗星）起源を強力に支持する。

コンドライトに関しては、一部の隕石の軌道が決定されたことで、ほとんどが小惑星起源であることが確定的になった。専用の観測プログラムや衛星データ、監視ビデオの記録を用いて、軌道が精度よく決定できた隕石は八個ある。いずれも起源が火星と木星の間のメイン・ベルト（一三ページ図2参照）にあるが、それが軌道によって示されたとはいえ、特定の小惑星と積極的に関連づけることはできていない。

小惑星の特性に関する情報は、可視・近赤外線**分光計**によって得ることができる。天体から放射あるいは反射された光を波長（つまり色）に応じて分解してくれる計器である。虹が見えるのも、雨粒が陽光を分解する分光器となっているからだ。小惑星の場合には、その表層で反射された（数マイクロメートルまでの波長の）太陽光線を分解して**反射スペクトル**を得る。主に構成鉱物の性質と大きさで決まるスペクトルの形に応じて、小惑星は各種の**スペクトル型**に分類される。リストは割愛するが、最も多いS型とC型をはじめ、大小合わせて二桁の型を数える。

直径約五〇〇キロメートルの小惑星ヴェスタ（直径九五〇キロメートルで最大のケレスに次ぐ大きさ）は、物質分化したエコンドライトのＨＥＤ隕石（一一四ページ参照）とスペクトルがぴたりと一致する（図6）。ＨＥＤ隕石はヴェスタ起源であることが強く示唆される。ヴェスタが大型であることも、ＨＥＤが物質分化した隕石である点と整合する。

小惑星と隕石種のスペクトルが、これほどよく一致する例はあまりない。たとえばS型小惑星と普通コンドライトのスペクトルは、おおまかな一致しか示さない。S型小惑星の表層が惑星間空間への

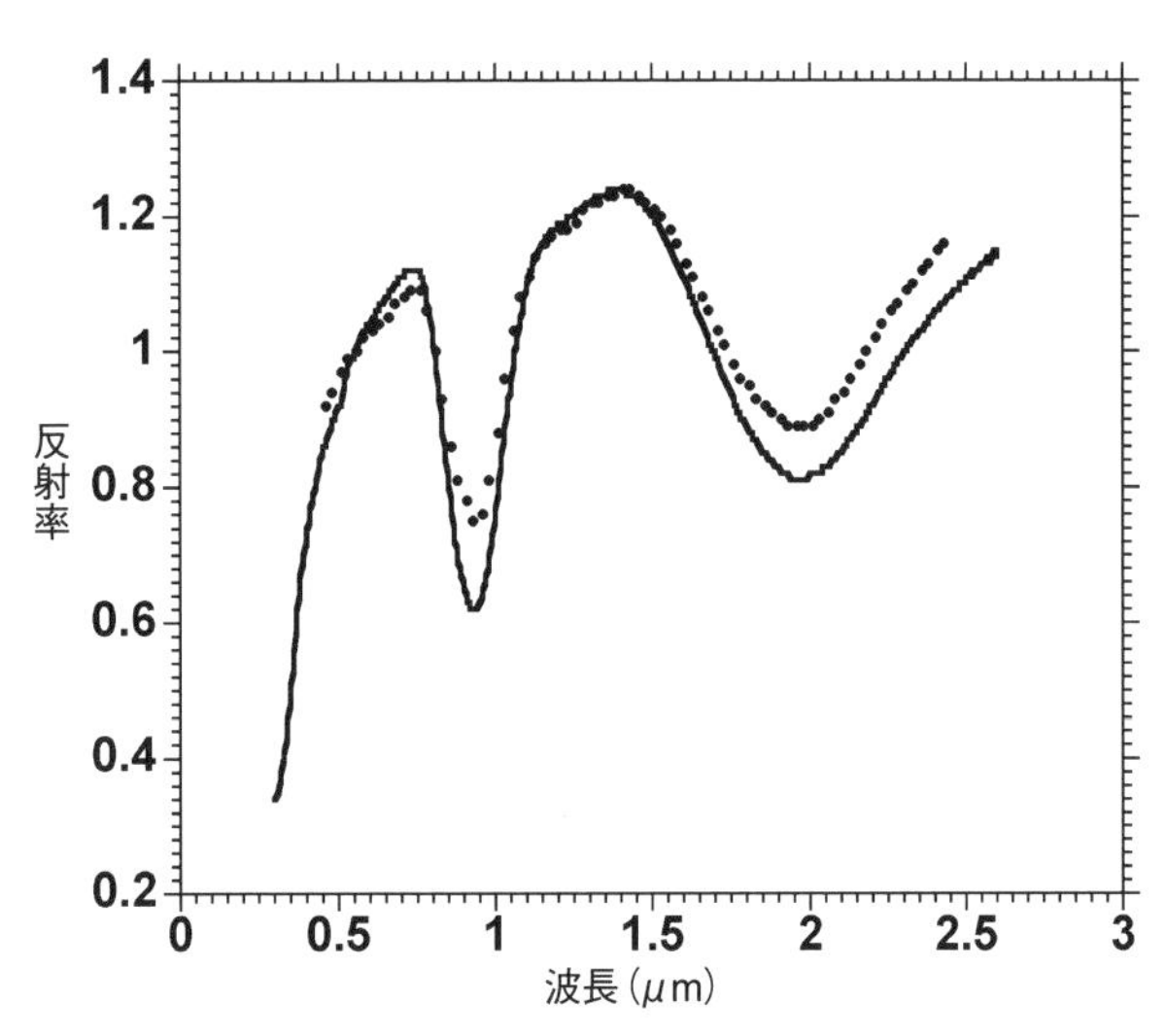

図6　ホワルダイトの平均反射スペクトル（実線）と小惑星ヴェスタの平均反射スペクトル（点）との比較

曝露によって風化している点を考慮すると、一致の度合いは上がってくる。小惑星の表層は数億年にわたって、微隕石と太陽放射にさらされている。微隕石と光子の爆撃作用を受け、小惑星の表層（鉱物のサイズ、結晶構造）が変質すると、反射スペクトルも変わってしまう。この**宇宙風化**の作用を考慮すれば、S型小惑星と普通コンドライトのスペクトルは折り合いがよくなり、メイン・ベルトの小惑星のうち最多のS型と、隕石のうち最多の普通コンドライトの間に、好都合な関連づけが成立する。[1] 炭素質コンドライトの場合は、C型、D型、P型の小惑星とスペクトルが似ており、金属質の隕石については、M型の小惑星を起源とする可能性がある。

（1）探査機はやぶさがS型小惑星イトカワから持ち帰った試料の組成はLLグループの普通コンドライトと一致した〔訳注〕。

3 彗星起源の隕石

一九五〇年代からずっと、彗星は水とマイクロメートル規模の塵が豊富で、岩石部分の少ない天体だと思われていた。しかも、メートル規模の彗星の破片は、普通は高速で地球に飛来することになるため、大気圏内での機械的破壊を免れるとは考えにくい。このような理由から、彗星起源の隕石もあるという発想はなかなか生まれなかった。

一八六四年に記され、『科学アカデミー紀要』に掲載された観察記録をもとにして、惑星間空間におけるオルゲィユ隕石（CI1）の軌道が二〇〇六年に計算された。その結果と整合するのは小惑星の破片ではなく、彗星の破片だった。この軌道計算はもちろん、前節で述べた軌道計算ほど精度のよいものではない。近代技術による観測というより、目で見た観察を頼りにしたものだ。しかしオルゲィユ隕石の観察記録は、当時の教養層の科学的関心に支えられ、極めて詳細に書かれている。確定的なことは言えないまでも、オルゲィユ隕石その他のCI1グループの〔炭素質コンドライト〕隕石が、彗星に由来する可能性は大ありだ。

D型小惑星〔木星トロヤ群など〕に関して、後期重爆撃期にメイン・ベルトに**打ちこまれた彗星**かもしれないという新説が、天体力学の分野から提出されている。この仮説が今後の検証に耐えれば、ある種の炭素質コンドライトの彗星起源を支持する材料となるだろう。

4 金星起源、水星起源、フォボス起源の隕石

金星から隕石がやって来る可能性は低い。金星は地球と同じほど大きいため、破片が重力を振り切るには高いエネルギーが必要になる。それを得る機会があるとすれば、激しい衝突しかありえないが、さほど頻繁に起こることではない。しかも、巨大隕石が突入してきても、厚い金星の大気〔地球大気圧一バールに対して九〇バール〕で大きく減速するから、重力を振り切るエネルギーを金星の破片に与えるほどの力は残りにくい。

水星については、ある種の物質分化したエコンドライトの起源だとする説もある。サイズが小さく、脱出速度を超える速度で破片が飛び出すことは充分ありうる。そのうえ大気が存在しない。天体力学的に見て、水星から地球への隕石の到達が可能であることは、二〇〇八年に論証された。地球の隕石コレクションの中には、今のところ確実に同定されたものはないが、水星から来た隕石も人知れず含まれているのかもしれない。

一九八〇年十二月にイエメン人民民主共和国〔南イエメン〕に落下したカイドゥン隕石は、さまざまな隕石種のミリメートル規模の破片が凝集した独特の隕石だ。この角レキ岩の中に含まれる隕石種は、物質分化した物体から炭素質コンドライトまで多岐にわたる。ロシアの学者アンドレイ・イワノフによれば、起源は火星の衛星で、C型小惑星との関連が言われるフォボスであり、物質分化した破片は火星に由来するという。しかし、この挑発的な仮説は学界の定説になっているとは言いがたい。

Ⅱ　隕石の照射年代

小惑星（衝突天体）の別の小惑星（標的天体）への衝突によって生まれた隕石体は、母天体から地球まで移動する間、**銀河宇宙線**にさらされる。この高エネルギー照射を受けて、隕石体の中で核反応が起こり、放射性核種が生成する。そのような核種の含有率は、主に岩石の性質、宇宙線のフラックス、核生成率、曝露の時間、壊変速度などに依存しており、時間的変化をモデル化することができる。地球に到着した隕石体について、半減期三〇万年の塩素三六のような放射性核種の含有率を測定すると、宇宙空間にあった時間を算出することができる。

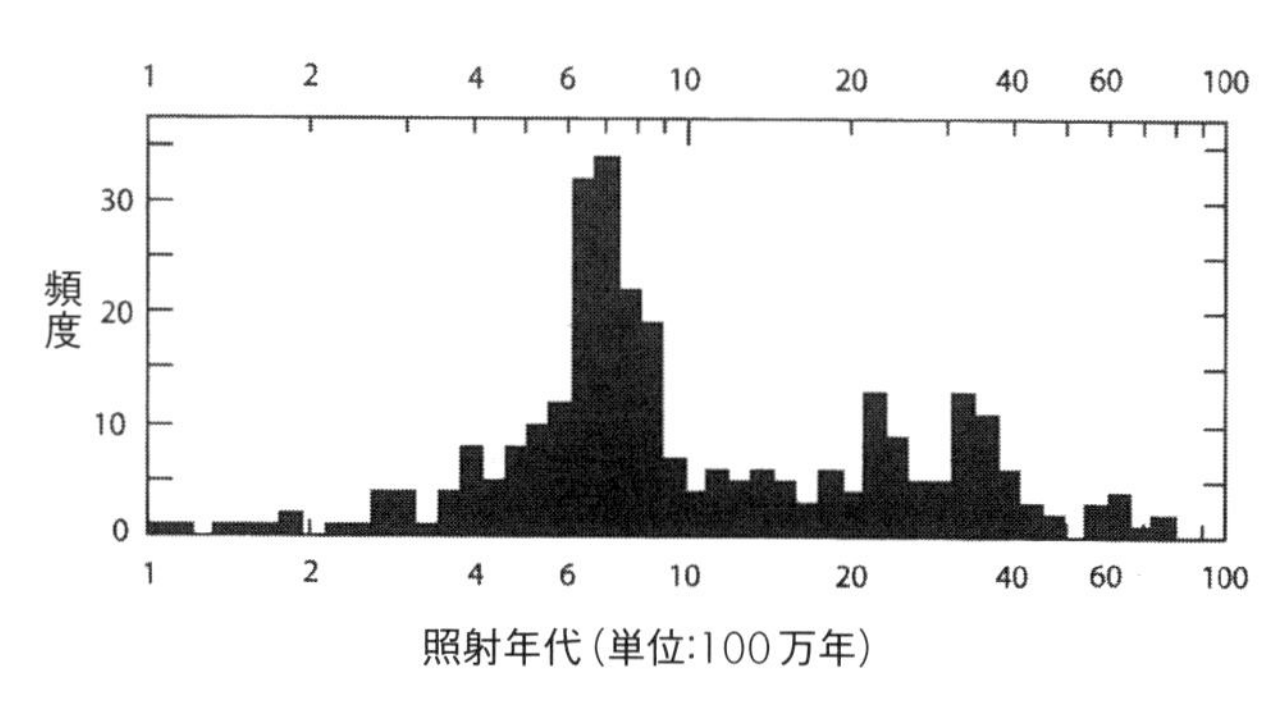

図7　IIグループの普通コンドライトの照射年代

隕石体が母天体を飛び出してから地球に到着するまで、宇宙空間にあった時間を（宇宙線）**照射年代**と呼ぶ。照射年代は隕石の種類によって異なり、若いものは月隕石で数万年程度、古いものは鉄隕石で一〇億年以上に及ぶ。研究対象とする隕石の照射年代がわかれば、成因となった衝突の年代を導くことができる。

普通コンドライト、エンスタタイト・コンドライト、ルムルチアイトの照射年代は、数百万～六〇〇〇万年の間で複数回のピークをもった横広がりの分布を示す（図7はHコンドライトの例）。それらのピークを見ると、母天体への衝突事件が離散的に生じたことがわかる。たとえば図7の最大ピークを見ると、七〇〇万年前にHコンドライトの母天体で激しい衝突が起こり、地球上に現在落下している多数の隕石体が放出されたことがわかる。

始原的なエコンドライトと物質分化したエコンドライト

は、数百万～一億年あまりの照射年代をもつ。エコンドライトについては第七章でまとめて取り上げる。炭素質コンドライトのうちＣＭとＣＩは、他の隕石と違って、照射年代が一〇〇万年に満たないものが大部分を占める。

Ⅲ　隕石の地球までの移動

地球までやって来た隕石の大半は、メイン・ベルト（一三ページ図2参照）から出発した。隕石体は、衝突を受けた小惑星が破砕分裂することで生まれる。直径一〇〇メートルに満たない天体には、**ヤルコフスキー効果**という非重力的な力が働くため、隕石体の軌道は太陽の方向へずれていく。ヤルコフスキー効果は小天体が太陽光線を非等方的〔不均一〕に再放射することで生じ、力の大きさはその天体の自転速度、大きさ、反射能などに依存する。隕石の中には、照射年代（八三ページ参照）が示している移動時間が比較的短い一〇〇〇万年程度のものもあるが、ヤルコフスキー効果だけではその時間で地球まで運ぶことはできない。一〇〇万年間に〇・〇〇〇一～〇・〇一天文単位という偏向速度では、太陽から三天文単位の地点〔にあるメイン・ベルト〕から（一天文単位の地点にある）地球まで、最速でも二億年かかる計算になる。

地球に向かう途中の隕石体は、木星と土星の共鳴領域に入りこむ可能性がある。**共鳴領域**とは、メイン・ベルトの中で、二つの巨大惑星の重力の影響が特に強い領域のことだ（たとえば領域内の天体は、太陽の周りを木星がちょうど三回公転する間に一回だけ公転する）。共鳴領域を通りぬける間に二つの巨大惑星からエネルギーを得れば、隕石体は軌道が乱れて、数百万年で地球に到着できるようになる。

つまり隕石体の移動時間は、ヤルコフスキー効果による軌道の偏向に要する時間と、共鳴機構による地球までの所要時間との関係から決まる。二つの物理過程を組み合わせれば、移動時間に数十万年から一〇億年の幅があること（八三ページ以下参照）を説明できる。

地球近傍小惑星（一三ページ参照）からやって来た隕石も、少数ながら存在する（一〇パーセント程度）。照射年代が一〇〇万年に満たない炭素質コンドライトも、その一つと考えてよいだろう。ただ、地球近傍小惑星の起源がメイン・ベルトにあるとすれば、地球に落下する隕石の性質という点では、メイン・ベルトの小惑星と区別する意味はあまりない。

第六章　コンドライトと太陽系形成

原始太陽を軸に回転する円盤があって、そこで太陽系の惑星が形成されたと考えた自然哲学者の草分けは、一七三四年に『哲学・鉱物著作集』を著わしたエマヌエル・スウェーデンボリ（一六八八〜一七七二年）、次いで一七五五年に『天界の一般自然史と理論』を著わしたイマヌエル・カント（一七二四〜一八〇四年）である。この説を支持したラプラスが、一七九六年の『世界体系論』で星雲説と命名した。円盤の名前については、しばしば**太陽系星雲**と呼ばれるが、原始惑星系円盤もしくは降着円盤（以下参照）と呼ぶほうがよい。

惑星系を伴った恒星ができるまでの一連の出来事は、一方では恒星形成領域の天体観測、他方では実験室での隕石研究が、相互に連携することで解明されてきた。出発点は**分子雲**である。マイクロメートル規模の星間塵（ダスト）を一パーセント前後含んだガス（主成分は水素とヘリウム）が、数百兆キロメートル〔数十光年〕に及ぶ巨大な集塊をなすものだ。

　この分子雲の内部に、**分子雲コア**という密度の高い領域がいくつかできる。それらは重力崩壊によって収縮する。コアの収縮は、重力と乱流が関連する複雑な現象の結果であり、約五〇〇万年と考えられる分子雲の寿命中のいつでも始まりうる。形成されたコアは、分子雲の他の部分から分離する。数十万年後に、この構造体の中心部に原始星[1]と円盤が出現する。原始星はまだ最終的な規模を獲得しておらず、周囲のコアから円盤を介して物質を供給される。**降着円盤**という呼ぶのはそのためである。

（1）「原始恒星」とも言う。天文学では一般的に「星」は「恒星」を指すため、「星間」は「恒星間」の意味になる〔訳注〕。

　コンドライトの構成要素（CAI、鉄苦土性（フェロマグネシアン）コンドルール[1]、細粒の基質）は、この降着円盤内で形成される。コンドライトは凝集して、一キロメートル程度の**微惑星**となる。微惑星は衝突合体を重ね、直径数百キロメートルの**原始惑星**が生まれる。大型の天体、つまり原始惑星および惑星の形成と進化は、円盤が誕生から数百万年後に消滅した後も続いていく。太陽への物質の降着と、惑星の初期材料の形成は同時に進むので、降着円盤は**原始惑星系円盤**でもある。

（1）構成鉱物がアルミニウムに富む稀少なコンドルールに対し、構成鉱物が鉄やマグネシウムに富む一般的なコンドルールを指す〔訳注〕。

恒星とその惑星系の形成は、大きく三つの段階に分けられる。第一は**星間物質の段階**で、分子雲の時代と、それを構成する物質の前史に相当する。次が**円盤の段階**で、数百万年ほど続く。最後は**惑星の段階**で、ガス円盤が散逸して以降の原始惑星と惑星の形成の段階である。分子雲コアの段階は、数十万年と短いので、過渡期と見なしてよい。一方では実験室での隕石研究、他方では恒星形成領域の天体観測により、これらの各段階で作用した物理化学過程を解明するとともに、各段階の持続時間を算出する作業が進められている。

I　コンドライトの化学組成と同位体組成

太陽の外層をなす光球は、分光計で直接観測できる唯一の層である。ＣＩ１グループの〔炭素質〕コンドライトは、これと非常によく似た化学組成をもつ。図８に見るように、その一致度は存在度の高い元素（マグネシウム、ケイ素、酸素）から微量元素（ウラン、鉛など）にいたるまで九桁に及び、ＣＩ１コンドライトが太陽と同じ化学組成をもったガスから凝縮したことを示唆している。ＣＩ１

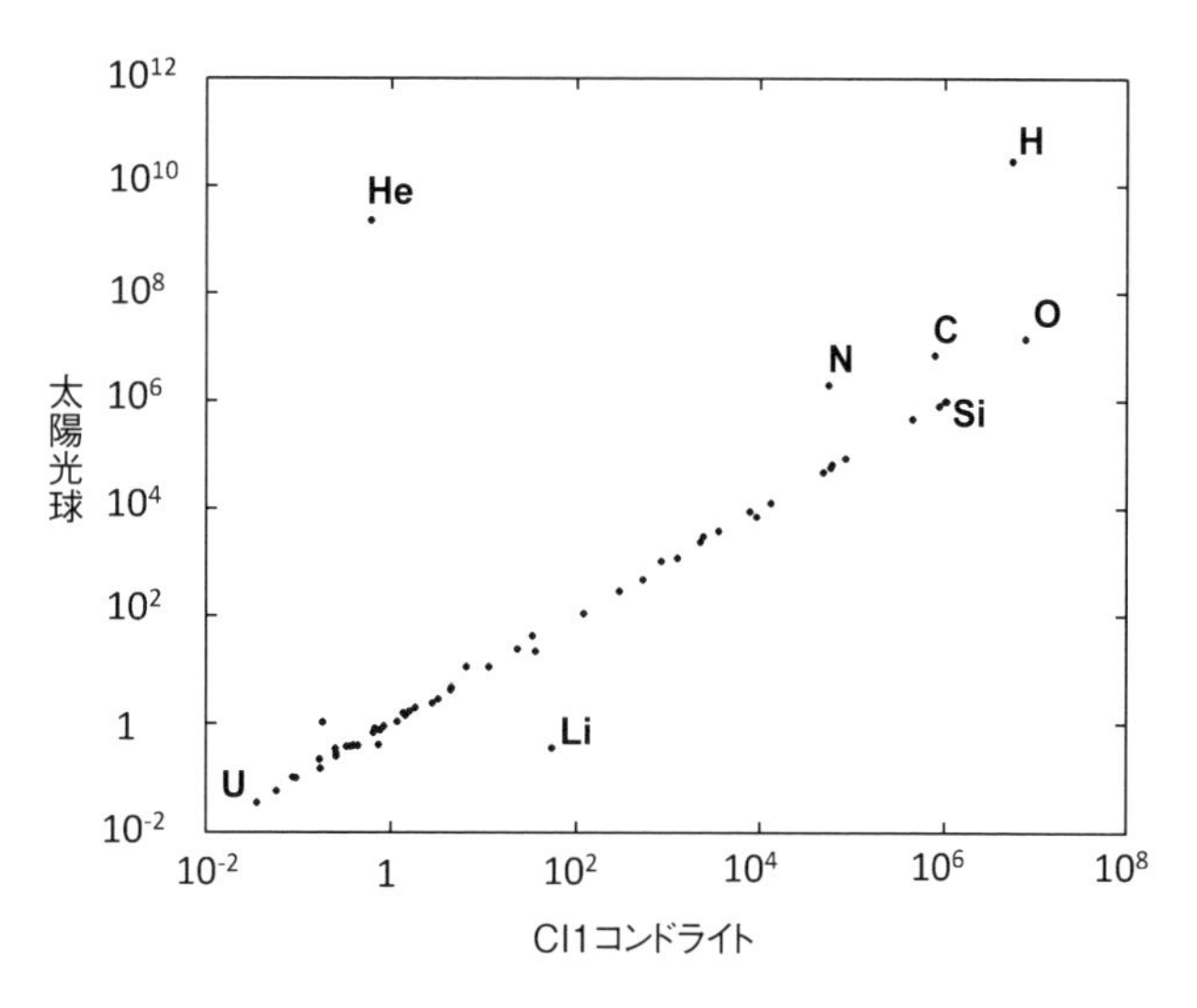

図8　CI1コンドライトと太陽光球の化学組成
（ケイ素の数を10^6として規格化し、対数目盛で表示）

コンドライトは太陽に比べ、水素、ヘリウム、炭素、窒素の存在度が低い。これらの元素は原始惑星系円盤内ではガスあるいは氷の形で存在していたため、ＣＩ１コンドライトが太陽組成ガスから凝縮した際に取りこまれなかったからだ。太陽光球にはＣＩ１コンドライトに比べ、リチウムの欠乏が見られる。太陽内部の熱核融合反応が、この元素の一部を消費しているからだ。

ＣＩ１コンドライトの化学組成は、天文学の基準組成とされる。恒星と銀河の化学組成は太陽を基準とする。しかし、実験室での測定のほうが分光計による測定よりもはるかに精度がよいため、ＣＩ１コンドライトの組成は太陽以上に正確に知られている。そのため元素の**宇宙存在度**は、CI1コンドライトの化学組成によって規定する。宇宙存在度は過去一〇〇億年の〔天の川〕銀河系の化学進化の反映である。ビッグ・バンの最中に生成した水素、ヘリウム、および一部のリチウムを除き、他の元素（リチウムの一部、ホウ素、ベリリウム以外）はすべて系内の恒星によって合成されたものだからだ。

　CI1以外のコンドライトは、**分別された化学組成**をもっている。つまり基準となるCI1の組成に比べ、一部の元素に濃集あるいは欠乏が認められる。このような元素分別がどのようにして降着円盤内で起きたかについては、いまだ定説がない。高揮発性元素の不完全な凝縮によるという説や、コンドルールの形成と関連するという説があり、現在は前者の説が有力である。化学組成の違いは、先に見たように（二〇ページ参照）、コンドライトを分類する基準となっている。

　地球外物質の**同位体組成**は、酸素と揮発性元素（水素、炭素、窒素）を除く大部分の元素については極めて均一性が高い。地球組成に対する同位体異常は、CAIで見つかった数少ない例を別とすれば、大半の元素について認められない。このような同位体組成の均一性が示すのは、私たちの太陽以前に生まれては消えた何世代もの恒星に由来して、分子雲の材料となった物質が、非常によく混合されていたということだ。

Ⅱ　コンドライトとその構成要素の形成年代

地球内外の岩石の形成年代を測定できるようになったことは、二十世紀の科学の大きな前進の一つである。年代測定には、ウラン二三五（半減期七・〇三億年で鉛二〇七に壊変）、ウラン二三八（半減期四五億年で鉛二〇六に壊変）、ルビジウム八七（半減期四八〇億年でストロンチウム八七に壊変）のような**長寿命放射性核種**を用いる。鉛二〇七、鉛二〇六、ストロンチウム八七のような壊変生成物を**娘核種**あるいは放射壊変生成核種という。この方法によって算出されるのは、現在時を起算点とした絶対年代であり、何らかの基準時を起算点とする相対年代（一〇二ページ参照）とは異なる。

最も正確な形成年代を得るには、二つの放射性ウラン核種の壊変を情報源として組み合わせる。隕石物質中の鉛の二つの同位体の相対的存在度は、形成時点と関連づけることができるからだ（**鉛－鉛年代測定法**）。鉛の同位体組成の測定は非常に複雑で、これを使って隕石の年代を測定できる研究室は世界にも数えるほどしかない。それらの研究室によって、四五億六七〇〇万年±数十万年という素晴らしい精度の結果が示されている。

形成年代が四五億六七〇〇万～四五億六九〇〇万年の間の、太陽系最古の物体がカルシウム・アルミニウムに富んだ包有物〔ＣＡＩ〕だ。これが現時点で、**太陽系の年齢**と考えられている。鉄苦土性コンドルールの形成年代はそれより若く、四五億六四〇〇万〜四五億六六〇〇万年の間にあるようだ。基質（マトリクス）については構成要素が微細すぎるため、今のところ年代測定はできていない。

形成年代に二〇〇万年の差があるとすると、ＣＡＩはコンドルールと結合するまで二〇〇万年の間、降着円盤内で生き延びたことになる。だが、それほど長く残存することはできないはずだ。このミリメートル規模の固体物質は、ガスが及ぼす抗力により、ゆっくりと螺旋を描いて太陽へと向かい、数十万年後には太陽に落下することになるからだ。円盤内の乱流によってＣＡＩの一部が逆方向に飛ばされて、二〇〇万年間にわたって原始太陽への落下を免れたとする説もある。

Ⅲ　カルシウム・アルミニウムに富んだ包有物と鉄苦土性コンドルールの形成

宇宙化学の大きな目標の一つは、カルシウム・アルミニウムに富んだ包有物〔ＣＡＩ〕と鉄苦土性コンドルールの形成機構を解明することだ。コンドルールはコンドライト中に最も豊富に見られる物質であり、その形成過程がわかれば、原始惑星系円盤内で広く作用していた物理機構を明らかにできる。CAIはさまざまな点で奇妙な特徴をもっており（以下参照）、円盤内で最初期に形成されたものと考えられる。

CAIとコンドルールの形成をめぐる問題は三つある。「いつ」「どこで」「どのように」だ。CAIがコンドルールより約二〇〇万年前に形成されたことは、放射性年代測定によって示唆されているが（九三ページ参照）、両者の形成を円盤進化の時間スケール上に位置づけたいところだ。また、どちらも形成の場は原始惑星系円盤内であるにせよ、領域までは特定されていない。さらに、形成過程やそれに必要なエネルギー源については、まだ五里霧中である。

カルシウム・アルミニウムに富んだ包有物〔CAI〕と鉄苦土性コンドルールは、その名の通り、第一に鉱物組成と化学組成が異なる。CAIのほうは、透輝石《ディオプサイド》（$CaMgSi_2O_6$）、黄長石《メリライト》（$Ca_2Al_{2x}Mg_{1-x}Si_{2-x}O_7$、x=0~1）、尖晶石《スピネル》（$MgAl_2O_4$）のように、カルシウムとアルミニウムに富む鉱物を主成分とする。また、コンドライト組成に比べて、一〇~一〇〇倍の難揮発性元素の濃集が見られる一方、セリウムとユーロピウムが周辺の元素に比べて欠乏している。コンドルールのほうは、カンラン石《オリヴィン》（$[Mg, Fe]_2SiO_4$）と輝石《パイロキシン》（$[Mg, Fe]SiO_3$）が主成分で、シリカ（二酸化ケイ素）とアルカリ元素（ナトリウム、カリウム）に富むガラスや、ニッケルに富む（数パーセント含む）金属鉄や、硫化物（硫化鉄（Ⅱ））も含有する。コンドルールの化学組成はコンドライト組成に近い。

コンドルールとCAIは、形状や組織も異なっている。前者が球状であるのに対し、後者には不規則な形のものもある。前者の組織は火成性だが、後者は必ずしも火成性ではない。

コンドルールとCAIは、同位体組成の点でも異なる。CAIは、酸素一六に関して、コンドルールより数パーセント高い濃集を示す。マグネシウムに関しては、重い同位体に富む質量依存型分別が認められ、クロム、チタン、カルシウムのような一部の元素に関しては、質量非依存型の同位体異常が認められる。また、CAIにはコンドルールに比べ、形成時に含まれていた消滅核種（九九ページ参照）が多い。

CAIの鉱物組成は摂氏一一〇〇〜一五〇〇度で凝縮した太陽組成ガスと整合することが、一九七〇年代初めにシカゴ大学のグループによって発見された。その意味は、CAIが原始惑星系円盤内で**凝縮**によって固化した最初の物質と考えられるということだ。凝縮後に溶融を経たものは、球状の形と火成性の組織をもつようになった。溶融時の環境は、マグネシウムの重い同位体の濃集が示すように、蒸発も生じるほど稀薄な環境だった。セリウムとユーロピウムの欠乏からは、CAIがコンドルールよりも還元的な環境で形成されたことが示される。

同位体異常については、原始惑星系円盤の同位体組成が均質化する以前の、ごく初期の形成を示唆していると解釈できる。CAIの同位体異常は、形成時の天文学的な位置の記憶をとどめたものと考えられるため、恒星内元素合成のモデル化にもつながってくる。

ＣＡＩが形成された正確な位置はよくわからないが、円盤内の高温領域、天文単位でコンマ一桁の太陽近傍と考えられる。形成されたＣＡＩは、円盤と原始太陽の間に生じた乱流あるいは風（ウィンド）により、円盤内の内側の領域から吹き飛ばされて、コンドライトの凝集が起きた小惑星帯の距離まで運ばれたのだろう。ＣＡＩに宇宙線照射の痕跡があることも、太陽近傍説を補強する材料となりそうだ。

円盤進化の時間スケール上にＣＡＩの形成を位置づけるのは今のところ困難だが、最初期のことだと考えられる。天文学者が第Ｉ段階と呼ぶ段階かもしれない。原始星・円盤系の進化〔若い星状天体の成長〕の四段階のうちの第二段階にあたる。この時期には、分子雲中でコアにならなかった周辺エンベロープという部分から、大量の物質が原始惑星系円盤に供給され、〔ドーナツ型の〕円盤の内周からは大規模な分子流（ジェット）が吹き出していた。

コンドルールのほうは、難揮発性のＣＡＩよりも酸化的な環境で形成された。その組織には完全に溶融した履歴がある。周囲のガスと反応した形跡はあるが、マグネシウムの重い同位体の濃集はないため、固体物質が密に存在する領域で形成されたと考えられる。溶融時の到達温度は、摂氏一〇〇〇〜一七〇〇度と推定される。

コンドルールの組織の再現実験を行なってみると、ほぼ瞬間的に高温に達し、毎時摂氏一〇〇度にもなる速度で急冷されたようだ。これを**瞬間加熱**(フラッシュ)と呼ぶ。ただし、この冷却速度の算出は、コンドルールの閉鎖系での挙動、つまり周囲のガスとの反応がないとの仮定に立つ。その点を疑問視する研究者から、コンドルールは開放系で、つまり原始惑星系円盤ガスと反応しながら形成されたという説も提出されている。

コンドルールの特性、とりわけ瞬間加熱の説明を試みたモデルがいくつも出されている。たとえば、小惑星や原始惑星、惑星型天体の間の衝突によって形成されたとするモデルなどだ。この説には大きな難点が一つある。天体衝突は岩石の溶融よりもむしろ破砕を引き起こすという点だ。コンドルールの溶融は、初期段階を通じて原始太陽の近傍で、ふんだんに放射されていたX線によるとする新説もある。

広く認められているのが衝撃波モデルである。秒速二五キロメートル級の衝撃波が円盤に走り、溶融した塵の微粒子がコンドルールの前駆物質となったという。このモデルだとコンドルールの熱履歴をうまく再現できるが、衝撃波の放出源については議論が残る。円盤内を高速で運動する微惑星が弧状衝撃波を生み出したという説や、円盤内で(銀河に見られるものと同様の)渦状腕が発達したことで衝撃波が生じたという説が出されている[1]。

(1) 雷や強い電磁波によるとする説もある〔訳注〕。

Ⅳ　酸素同位体組成の進化

地球外物質の同位体組成は極めて均一性が高いが、この一般論は酸素については当てはまらない。ＣＡＩにはコンドルールより数パーセント高い酸素一六の濃集があることが、一九七三年にシカゴ大学のロバート・クレイトンによって示されている。

この差違は現在では、太陽系の前駆物質となった分子雲の中か、原始惑星系円盤内の外側の領域で生じた一酸化炭素分子の**自己遮蔽**効果によると考えられている。このモデルによれば、太陽系の酸素同位体組成は、酸素一六に富む組成（ＣＡＩの組成）から進化して、酸素一六に乏しい組成（コンドルールの組成）へといたった。一酸化炭素分子の同位体異性体（アイソトポマー）に、選択的な光化学分解が起きた結果である。$^{12}C^{16}O$、$^{12}C^{17}O$、$^{12}C^{18}O$は、それぞれ異なった紫外線波長で光化学分解を起こすからだ。$^{12}C^{16}O$の存在度は他の二つよりはるかに大きいため、その光化学分解に必要な紫外線波長は、急速に吸収され尽くしてしまう。その結果、分解によって放出される酸素一六は初生の組成に比べ、また他の二つの酸素同位体に比べて著しく減少して、ガスは酸素一七原子と酸素一八原子に富むようになる。これらの原子がH_2と反応して生成した水の分子が、コンドルールの形成された領域に運ばれたことで、コンドルールの酸素同位体組成に変化が起きたという次第だ。

Ⅴ　短寿命消滅核種

普通コンドライトのリチャードトン隕石（米国、一九一八年）には、キセノン一二九がコンドライト組成と比べて過剰にある。この事実を一九六二年に発見したジョン・ハミルトン・レイノルズは、その原因が半減期一六〇〇万年のヨウ素一二九の放射性崩壊にあることを示した。彼の測定によって初めて、原始惑星系円盤内における短寿命核種の存在が立証されたのだ。それ以降、多数の短寿命核種が発見されている（表3）。これらは消滅核種とも呼ばれる。半減期が太陽系の年齢（九三ページ参照）よりもはるかに短く、長寿命核種（九二ページ参照）と違って地球外物質の中に残っていないからだ。これらの消滅核種の存在は、ヨウ素一二九の場合と同様に、娘核種の過剰によって論証される。消滅核種は現在、ホットな研究分野になっている。消滅核種を研究すれば、分子雲や原始惑星系円盤の中の物理化学条件を絞りこむことができるし、太陽系形成史の円盤段階から惑星段階までの（相対的な）時系列の確立にもつながっていくからだ。

核種	娘核種	半減期（単位:100万年）
^{7}Be	^{7}Li	53日
^{41}Ca	^{41}K	0.1
^{36}Cl	^{36}S	0.3
^{26}Al	^{26}Mg	0.74
^{10}Be	^{10}B	1.5
^{60}Fe	^{60}Ni	2.6
^{53}Mn	^{53}Cr	3.7
^{107}Pd	^{107}Ag	6.5
^{182}Hf	^{182}W	9
^{129}I	^{129}Xe	16
^{92}Nb	^{92}Zr	36
^{244}Pu	核分裂生成物群	81
^{146}Sm	^{142}Nd	103

表3　隕石中に確認された消滅核種

1　消滅核種の起源

太陽系を構成する大部分の核種と同様に、消滅核種のうち寿命の長いものもまた、私たちの太陽以前に生まれては消えた数世代の恒星によって合成された。これらはいわば、銀河の星々の遺産である。寿命が数百万年以上の核種（鉄六〇まで）はすべて、細部についてはまだ議論の余地が残るものの、過去の恒星に由来する。それに対して寿命の短い消滅核種の生成は、ぎりぎりのタイミングでなければならない。さもなければ、初期太陽系に組み入れられるより先に、壊変してしまうことになるからだ。

このぎりぎりのタイミングについては、二つの可能性が検討されている。一つは外部から注入されたというモデルで、近くにあった（超新星のような）末期の恒星から初期太陽系に注入されたとする。もう一つは太陽系内部での**照射**によるというモデルで、太陽宇宙線に照射された原始惑星系円盤のガスと塵から生成したとする。

ベリリウム一〇の場合は、照射起源しかありえない。この核種は、恒星内では作られず、破壊されてしまうからだ。現在観測されるような量のベリリウム一〇の生成は、〇・一秒あたり〇・〇一平方センチメートルあたり一〇〇億の桁の陽子が、円盤内周部の固体物質と数年にわたって反応するという条件下なら可能である。他の短寿命消滅核種（アルミニウム二六、塩素三六、カルシウム四一）の場合、太陽宇宙線の照射による合成は、一定の条件下で不可能ではないものの考えにくい。

超新星による注入のほうは、宇宙物理学的に見て確率が低い。まず小さな質量の恒星が、周囲に円盤を伴った形で存在しなければならない。そして、その近くに超新星が存在しなければならない。しかも距離は、太陽系内で観測されるような大量の放射性核種が届けられるほど近くなければならない。だが、そのような実例が恒星形成領域で観測されることはごく稀である。

太陽系の近くに超新星があったかは現在激論の的になっているが、（遠方の多数の超新星を含む）銀河の星々の遺産[1]か、太陽宇宙線の照射によって、すべての消滅核種の起源を説明できる可能性もある。

（1）遠方の超新星などで生成した消滅核種が塵などに含まれて太陽系に運ばれる。到着時には消滅核種は壊変してしまっているが、塵などの中に娘核種が残っていて、これが太陽系の物質と完全に混合しなければ検出される可能性がある。これを宇宙メモリー説という〔訳注〕。

2　相対年代

アルミニウム二六、マンガン五三、ハフニウム一八二など、ある種の消滅核種を利用すると、太陽系の相対年代を定めることができる。相対年代と呼ぶのは、対象とする物体の年代が別の物体との相対的な関係でしか決められないからだ。ある消滅核種の物体Aにおける存在度をR_A、物体Bにおける存在度をR_Bとすると、二つの物体の形成時の間隔を求める式は$\Delta t_{A-B} = 1.44 \times T_{1/2} \times \ln \frac{R_A}{R_B}$で表わされる。$T_{1/2}$は半減期である。この等式には、現時点で論証されていない仮定ではあるが、その核種が原始惑星円盤内で均一に分布していたとの仮定が含まれている。等式から導かれた相対年代は、鉛－鉛（Pb-Pb）年代が判明している物体を基準試料（アンカー）にすれば（九二ページ参照）、絶対年代上に位置づけることができる。

形成された時点でのアルミニウム二六の含有率は、ＣＡＩのほうがコンドルールよりも五倍ほど高い。この核種が円盤内に均一に分布していたと仮定すると、半減期は七四万年だから、ＣＡＩの形成はコンドルールよりも一七〇万年早かったことになる。これは鉛－鉛年代測定から得られた値とも合致する。マンガン五三についてはＣＡＩ中の含有率の初生値がわからず、ハフニウム一八二についてはコンドルール中の含有率の初生値がわからないため、ＣＡＩとコンドルールの形成年代の差を確認する時計としては使えない。

消滅核種を利用した測定によれば、太陽系形成の相対年代は以下のようになる。コンドライトに認められる熱水変成と熱変成は、太陽系最初期に、コンドライト天体が凝集した頃から始まった。物質分化の時期は、ＣＡＩの形成（九二ページ参照）と同時並行だった可能性がある。地球のような惑星の降着時間は、コンドライトと地球試料についてハフニウム一八二を測定した結果から、一億年という値が得られている。最も長く続いたのは原始惑星の段階である。

Ⅵ　基質――出発物質

ここまで主にＣＡＩとコンドルールについて述べ、コンドライトの三つ目の構成要素をなす基質（マトリクス）は取り上げていなかった。基質は一マイクロメートルに満たない鉱物の種々雑多な集積である。大部分のコンドライトでは、基質は熱変成や熱水変成による激変を被っている。鉱物のサイズが小さいため、コンドルールやCAIよりも変質しやすいからだ。熱変成や熱水変成をまったく、あるいはほとんど受けなかった非常に始原的な隕石（たとえば炭素質コンドライトAcfer094）には、稀に初生時の基質が残されていることがある。基質は主にケイ酸塩鉱物と硫化鉱物からなる。ケイ酸塩鉱物には非晶質（アモルファス）のもの（結晶化されていないもの）も見られ、高温に達した履歴がないことを示唆している。基質の研究は、主に二つの構成要素を対象とする。一つはプレソーラー〔先太陽系〕粒子、もう一つは有機物だ。これらはコンドルールとCAIの形成を引き起こした事件を免れた太陽系の出発物質なのである。

1　プレソーラー粒子

ある重要な事実が一九八七年に、シカゴ大学で発見された。始原的コンドライトに含まれるダイヤモンドや炭化ケイ素（SiC）の個々の粒子のうちに、高い同位体異常を示すものが見つかった。太陽系の組成と大きく異なった同位体組成は、形成の場が太陽系以前に生まれては消えた恒星の近辺であったことを示唆していた。これらの粒子は**プレソーラー粒子**と名づけられた。[1]

（1）スターダストとも呼ばれる〔訳注〕。

そのような固体粒子が隕石中に保存されているとすれば、太陽系物質の同位体組成は完全には均一化されなかったことになる。始原的コンドライト中のプレソーラー粒子は、存在度が数百ｐｐｍ（百万分率）程度と見積もられ、分離作業は難航した。対象の粒子は大部分が一マイクロメートルにも満たない。その存在は一九七〇年代から想定されていたものの、これらの粒子と太陽系内部で変成した物質を（同位体異常の有無によって）見分けることは、当時の技術ではできなかった。プレソーラー粒子を「正常」な物質から分離し、次いで同定することができたのは、ある強烈な化学的方法のおかげである。太陽系の同位体組成の均一化を免れたほどなら、ちょっとやそっとでは破壊されないはずだからだ。進展のない研究が二〇年目を迎えた一九八七年に、プレソーラー粒子の濃集が見つかったのは、酸処理の残渣の中であった。

それ以降、多数のプレソーラー粒子が確認されている。空間分解能が高い二次イオン質量分析計（イオン・マイクロプローブ）のような新しい技術によって、プレソーラー・ケイ酸塩も発見された。化学処理に弱いため、その種の方法では見つかっていなかった粒子である。今では世界各地の実験室が、太陽系以前に生まれては消えた恒星の近辺で形成されたケイ酸塩、ケイ素化合物（炭化ケイ素、窒化ケイ素）、グラファイト、酸化鉱物（尖晶石、ヒボナイト、鋼玉（コランダム））を手にしている。これらのプレソーラー粒子の形成年代はわからないが、星間環境にあった時間は数百万〜一〇億年と推定される。

プレソーラー粒子の同位体組成の研究は恒星内元素合成、つまり恒星内での核融合反応による多種合成機構の解明につながっていく。恒星内元素合成過程はかつては理論上のもの、あるいは分光計による精度の低い観測で捉えられるにすぎなかったが、プレソーラー粒子の発見によって状況が一変したのだ。

2 有機物

ある種の炭素質コンドライトには、質量百分率で最大数パーセントの有機物が含まれている。それらの有機物には可溶性のもの（アミノ酸など。一三〇ページ参照）もあれば、不溶性のものもある。有機物が最も豊富なコンドライトはオルゲイユ隕石で、その中に含まれる不溶性有機物の平均化学組成は$C_{100}H_{72}O_{18}N_{3.5}S_2$となる。地球外有機物は、地球物質で言えばケロジェンに最も近い。

地球外の不溶性有機物の特徴は、同位体異常を示すものが多いことだ。重水素（水素二）や窒素一五の濃集が頻繁に見られる。重い同位体が濃集した起源はわかっていない。可能性の一つは、分子雲のような超低温環境で起きた化学反応だ。分子雲コアの中に重水素の濃集が観測された実例もある。その一方で、円盤段階で同位体異常が生じた可能性も捨てきれない。**有機物合成**の解明は、二十一世紀の宇宙化学の大きな課題の一つである（第八章参照）。

Ⅶ　昔の光沢いまいずこ

金属については本章では取り上げなかった。始原的な金属粒はコンドライトの中に稀にしか、あるいはまったく見られないからだ。金属は熱変成に非常に弱い。LL3・0グループの普通コンドライト[1]であるセマルコナ隕石（インド、一九四〇年）のような始原的コンドライトでさえ、金属組成は母天体上で、変成作用などの二次過程によって変質してしまっている（一一〇ページ参照）。CHグループの〔炭素質〕コンドライトの中に近年、ゾーニングを示す金属粒が発見されている。それらの金属粒の形成について、太陽系初期に原始惑星系円盤内で起きた、という解釈がまず示された。この共著論文の著者は次いで、二つの原始惑星の衝突で生じた蒸気雲の中で凝縮したものだ、という解釈に改めた（一〇九ページ参照）。コンドライト中の金属の特性が、円盤内で支配的だった物理化学条件の推定につながった例は、今のところほとんどない。

（1）後述の岩石学的タイプのうち3については、さらに3・0から3・9までの下位分類がある〔訳注〕。

第七章　天体の地質進化

Ⅰ　衝突と衝撃

天体間の衝突は、地質学的な時間スケールで見れば、太陽系内で頻発している現象だ。衝突が起こると、地形上にクレーターのような痕跡が残る（六一ページ参照）だけでなく、岩石に鉱物レベルの変質が生じることもある。これを**衝撃変成**という。隕石中の鉱物の一部は、衝撃作用によってしか形成されない。たとえばスティショバイトやマスケリナイトだ。前者は石英、後者は斜長石（プラジオクレス）（$[Ca, Na, K][Al, Si]_4O_8$）の衝撃変成によって生じる。結晶格子の変形や、鉱物のモザイク化〔角レキ化〕も、岩石が受けた衝撃の指標となる。衝撃が激しいと、部分的な溶融が起こることもある。衝撃圧によって隕石を分類する際は、S1（ほとんど、あるいはまったく衝撃を受けていないもの。衝撃圧が五ギガパスカル[1]未満）からS6（強い衝撃を受けたもの。衝撃圧が最大九〇ギガパスカル）の段階（ステージ）に分ける。

（1）圧力一バールは一〇万パスカルに相当する。一ギガ〔一〇億〕パスカルは一万バールである。

〔炭素質〕コンドライトのCHとCBは、二つの原始惑星の巨大衝突時に形成されたとする新説がある。二つの原始惑星は激しい衝突で完全に気化し、生じた蒸気雲の中でコンドルールが形成されたという。論争が続いている理論だが、その主要な根拠はCBのコンドルールに見られる奇妙な特性だ。いずれにせよ、CHとCBの起源という個別の問題にかかわらず、そのような天体衝突が過去に発生し、隕石物質に痕跡を残したことは疑問の余地がない。天体間の衝突が及ぼした作用の研究は、今後の宇宙化学の基軸の一つとなるだろう。

私たちの衛星の**月**は、太陽系における衝突の重要性を鮮やかに示す。月の形成が原始地球と火星大の原始惑星との巨大衝突（ジャイアント・インパクト）によることは、現在では広く認められている。消滅核種ハフニウム一八二（一〇二ページ参照）を利用した測定によると、巨大衝突は太陽系形成から六〇〇〇万〜一億年後に起こったようだ。月面に点在するクレーターには、月の歴史が小惑星と彗星による大規模な爆撃の連続だったことが記されている。さらに、アポロの宇宙飛行士が持ち帰った月岩石の年代測定が、**後期重爆撃期**（一九ページ参照）の存在の実証につながった。後期重爆撃期の原因については、木星と土星の大移動による原始微惑星円盤の不安定化との関連が、ニース天文台のアレッサンドロ・モルビデッリ率いる仏米の天体力学者グループによって近年示されている〔ニース・モデル〕。

Ⅱ　コンドライトに見られる熱変成と熱水変成

熱変成を引き起こした熱源としては、二つのものが考えられる。一つは放射性崩壊、もう一つは原始太陽からの大きな光束である。現在は前者の説が有力だ。消滅核種のうち、それを含む岩石に単位体積あたり最大のエネルギーを与えるのは、アルミニウム二六と鉄六〇である。したがって、ある天体の内部温度は、降着時に含まれていたアルミニウム二六および鉄六〇の量と、その天体の大きさによって決まることになる。温度が摂氏一〇〇〇度程度までなら岩石には変成が起こり、それ以上なら溶融が始まる。カンラン石と輝石と金属が豊富で、組成の点ではコンドライト型、組織の点ではエコンドライト型という隕石、**アカプルコアイト**と**ロドラナイト**は、コンドライト質の岩石の初期溶融によって形成されたもののようだ。

熱変成は太陽系形成から数百万年程度の最初期に始まり、二億年ほど続いたと考えられる。熱変成の研究には第一に、天体進化の初期段階の特徴を明らかにする意義がある。また、岩石が受けた変成作用の特徴がわかれば、今度はそれによって始原的な隕石を同定し、太陽系形成時の惑星段階より前の諸段階〔第六章参照〕についての情報源とすることができる。熱変成はさらに、コンドライトの岩石学的分類の基準としても用いられている。

普通コンドライトの分類は、化学グループ〔二一ページ図3参照〕のそれぞれに、組織の違いを踏まえた**岩石学的タイプ**を加えて細分する。熱変成によって岩石組織は変容し、元素の再分配が起きている。加熱が高温であるほど、コンドルールの輪郭は岩塊中に溶けこんで見分けにくくなり、金属粒は鉄の再分配によって肥大し、コンドルールのガラスは再結晶化している。普通コンドライトの岩石学的タイプは3〔変成度が最小〕から7〔変成度が最大。摂氏一〇〇〇度以上に到達〕まであり、タイプ7ではコンドルールは完全に消滅している。岩石学的タイプを加えた分類法では、普通コンドライトはたとえばL6〔変成度6でLグループの普通コンドライト〕、H3、LL4などとなる。熱変成度が最も低いと考えられるコンドライトがセマルコナ隕石〔LL3〕である。

流体〔水、炭酸ガス〕の循環があると、コンドライトの鉱物組成は激変する。コンドルール中の一次鉱物〔カンラン石、輝石、金属、ガラスなど〕や難揮発性のCAIは、二次鉱物〔粘土鉱物、磁鉄鉱、硫化鉄など〕に変わる。そのような熱水変成度が最も高いものをタイプ1と呼ぶ。タイプ1のコンドライトには〔炭素質の〕CI1とCM1がある。これらの岩石の一次鉱物〔カンラン石、輝石、金属など〕は、ほぼ完全に二次鉱物〔粘土鉱物、磁鉄鉱、炭酸塩鉱物など〕に変わっている。CI1

コンドライトでは、コンドルールは**熱水変成**によって破壊され、ほとんど残っていない。一次鉱物から二次鉱物への変化が半分程度にとどまるものは、タイプ2に分類される。

熱水循環の物理的特徴については議論が続いているが、天体の内部で大規模な流動が起こったものと考えられる。水と一酸化炭素からなる氷を溶かすのに必要なエネルギーもまた、短寿命放射性核種によって供給された。CI1コンドライトの母天体では、熱水変成が一〇〇〇万年ほど続いたと推定される。最も始原的な化学組成（太陽光球と同じ。八九ページ参照）を保つCI1コンドライトが、最も激しい岩石学的変成（コンドルールの完全な消滅）を被っているのは注目に値する。

Ⅲ　物質分化

物質分化した天体（一八ページ参照）は、金属の中心核（コア）、ケイ酸塩のマントル、ケイ酸塩の地殻（クラスト）からなる（図9）。マントルは固体である。地殻はマントルよりも軽い岩石からなり、マントルの上でいわば浮動している。マントルが局所的に部分溶融すると**マグマ**〔岩漿〕が生じる。マグマ溜まりの中では岩石が形成される。そのような岩石は、マグマ溜まりの元素を徐々に取りこみ、残りの鉱液の

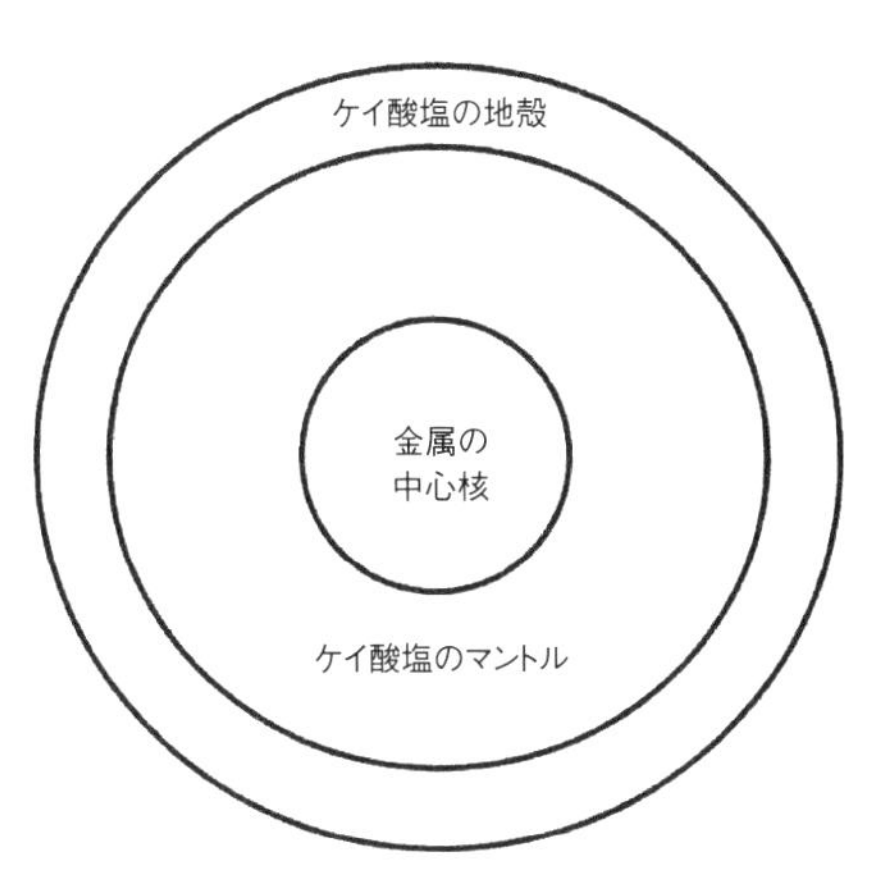

図9　物質分化した天体の模式図

組成を変化させる。したがって、早い段階で形成された岩石と、遅い段階で形成された岩石は、異なる組成をもつことになる。これを**分別結晶化**〔結晶分化作用〕と呼ぶ。深部で形成された火成岩を貫入岩、表層下または表層部で形成された火成岩を噴出岩という。マグマ溜まりの中で底部に沈積していった結晶が凝集した岩石を**集積岩**という。

大型天体の物質分化過程と進化の解明にあたっては、以下で述べるように、エコンドライト、石鉄隕石、鉄隕石が素晴らしい情報源となってくれる。とはいえ、コンドライトも同様に重要である。物質分化した天体の出発点は、コンドライト組成にあると考えられるからだ。地球に関しても、さまざまな地球化学モデルは必ず何らかの形で、コンドライト組成との関連づけを組みこんでいる。

1 小惑星の物質分化

小惑星の表層部のサンプルとなるのが、物質分化したエコンドライトだ。ホワルダイト、ユークライト、ダイオジェナイトのグループのほか、オーブライト、アングライト、火星隕石、月隕石、それに分類上孤立した若干の岩石がある。これらの隕石の鉱物組成と化学組成は極めて多様で、小惑星の表層部の地質が変化に富んでいることを物語る。

A 小惑星の表層部――エコンドライト

ホワルダイト、ユークライト、ダイオジェナイトは酸素同位体組成が同じであり、起源は小惑星ヴェスタにあるようだ（七九ページ参照）。これらはHED（ヘッド）隕石と総称される。エコンドライトの中で最も多数あるのが**ユークライト**だ（落下目撃隕石が三四個）。白色または灰色で、輝石と斜長石を主成分とする。ユークライトは火成岩で、噴出岩の可能性もあれば、貫入岩の可能性もあるが、いずれもマントルの部分溶融に由来する。**ダイオジェナイト**は緑色の集積岩で、輝石を主成分とする。**ホワルダイト**は、ヴェスタ表層部でユークライトとダイオジェナイトが粉砕されて形成された機械的な混合体をなす。ホワルダイトの中には、小惑星と彗星の連続的な爆撃によって、ヴェスタ表層部に付着した炭素質コンドライトの破片も含まれている。

ヴェスタは表層部の化学組成がコンドライト起源と整合的であり、物質分化する前はコンドライト質だった可能性が高い。ヴェスタ形成の出発物質として最適なのは、CM2コンドライトだろう。アルミニウム二六がユークライトの中に見つかったことから、ヴェスタの物質分化は太陽系初期に起きたと考えられる。HED隕石の多くの特性は、これらの岩石が大きな変成を被ったことを示唆しており、衝撃変成（ハッブル宇宙望遠鏡で観測したヴェスタ表面には多数のクレーターがある）と熱変成の二つが見られる。

HED隕石というサンプルだけでヴェスタ表層部の全貌がわかるわけでないことは留意しておこう。照射年代を調べると、五〇〇〇万年未満のHED隕石は、衝突が全部で五回あれば事足りる。五回の衝突で放出されたサンプルで、直径五〇〇キロメートルの天体を解明できるべくもない。しかも、ユークライトのもとになった岩石も多数あってよいはずなのに、私たちの隕石コレクションには含まれていない。二〇一一年にはNASAのドーン計画で、ヴェスタの探査が予定されている。[1] 探査機に搭載された機器で表層部が詳しく調査されれば、この小惑星とHED隕石の関係の解明が進むようになるだろう。

（1）二〇一一〜一二年に接近し、データ送信に成功し、ヴェスタとHED隕石の関係を強固なものとした。しかし、カンラン石を含むと予想されているマントルは見つからなかった〔訳注〕。

メソシデライト〔石鉄隕石〕は、HED隕石と同様の酸素同位体組成をもっており、やはりヴェスタが起源のようだ。ケイ酸塩部分がユークライトと多くの点で似ていることも、この仮説を支持する材料となる。メソシデライトの形成モデルとしては、金属質の小惑星（惑星中心核のサンプルとなる。以下参照）のヴェスタ表層部への衝突が考えられる。

オーブライトは非常に還元的な真っ白の岩石である。エンスタタイトが豊富であり、エンスタタイト・コンドライト組成をもっていた天体の溶融と物質分化に起源がありそうだ。

アングライトは、たった一個の落下目撃隕石（アングラ・ドス・レイス隕石、ブラジル、一八六九年）があるだけだったが、近年サハラ砂漠で発見が相次いで再び関心を集めている。アルミニウムとチタンに富む輝石、カルシウムに富むカンラン石、および斜長石を主成分とする玄武岩質（バサルト）の岩石だ。四五億五七〇〇万〜四五億六四〇〇万年の結晶化年代を示す。アングライトを形成したマグマは、ユークライトのもとになったマグマよりも酸化的であったと考えられる。水星起源説もあるが、水星について断片的な情報しかない現状では証明は難しい。

ユレイライトは風変わりな岩石で、起源について確実な説はない。成分はカンラン石と輝石で、その間をグラファイトとダイヤモンドの脈が走っている。ケイ酸塩鉱物中の微量元素の存在度（一四ページ参照）は、この岩石が部分溶融の残滓であることを示し、酸素同位体組成と貴ガスの存在度は、炭素質コンドライトとの強い関連を示唆している。物質進化した岩石の特性と、始原的な岩石の特性が同居しているわけだが、その理由は謎のままだ。ダイヤモンドの形成は強い衝撃変成によるものと思われる。衝撃変成によって同位体組成が乱されているため、ユレイライトの正確な年代は知られていない。

B　小惑星の中心核――鉄隕石と石鉄隕石

地球の内部はジュール・ヴェルヌの『地底旅行』の登場人物には近づけても、私たちがサンプルを採取しに行くことはできない。だが小惑星の中心核や核マントル境界なら、ある種の隕石を通じて迫ることができる。それが鉄隕石と石鉄隕石だ。これらの試料を研究すれば、惑星中心核の形成、冷却、結晶化の物理過程を考える筋道ができる。ただし類推には限界もある。地球中心部の圧力（最大三五〇ギガパスカル）と小惑星中心部の圧力（〇・一ギガパスカル）は異なるからだ。

鉄隕石は鉄ニッケル合金を主成分とし、クロム鉄鉱（$FeCr_2O_4$）、燐、硫化鉄、ケイ酸塩包有物も含む。鉄隕石はいずれも溶融した履歴がある。起源は小惑星の中心核だが、衝突で形成された可能性のあるもの（マグマ起源ではない鉄隕石）も若干ある。微量元素の挙動は分別結晶化と、つまりマグマいる。

起源と整合的だ。金属組織が示す非常に緩慢な冷却速度は、天体深部で冷却されたことを示唆している。

鉄隕石の分類は、化学組成（ゲルマニウム、イリジウム、ニッケルの存在度）と組織を基準とする。溶融した鉄ニッケル合金は冷却を通じて、ニッケル含有率の異なる二つの相、テーナイト（ニッケル含有率が最大二〇パーセント）とカマサイト（ニッケル含有率が最大五パーセント）に分離しており、その比率が組織による分類の基準となる。鉄隕石は一〇グループに分類されているが、分類外のものも一五パーセントある。鉄隕石のグループ名は、ローマ数字とアルファベット一文字または二文字の組み合わせで表わす（ⅠAB、ⅢABなど）。

鉄隕石の分類は成因の違いにほかならない。同じグループのものは同一の中心核を起源としており、それらの化学組成は分別結晶化と整合的な一連の系列をなす。構造や鉱物組成の点でも類似しているか、連続的な変化を示している。グループつまり起源の数は、分類外のものも含めると、**異なる母天体が五〇以上という数にのぼる。**

グループごとの違いの原因については、前駆物質や物質分化過程の違いが考えられるが、検討が続いている。どのグループでも、母天体の加熱温度は、摂氏一五〇〇度を超える高温に到達した。また、鉄隕石のもとになった液体は、あまりよく混合していなかったようだ。

鉄隕石を研磨してから薄い硝酸で弱酸処理すると、**ウィドマンシュテッテン構造**が現われる（七四ページ図5参照）。暗い帯がテーナイトで、明るい帯がカマサイトだ。冷却を通じてカマサイトが増え、テーナイトが減るため、冷却が緩慢なほどカマサイトの帯が太くなる。ウィドマンシュテッテン構造を精査すると、冷却速度と母天体の大きさを割り出すことができる。冷却速度は極めて緩慢（一〇〇万年あたり一〇〜一〇〇度）、母天体の大きさは最小二〇キロメートルと算出される。

鉄隕石の年代については、消滅核種ハフニウム一八二を利用した近年の測定により、ＣＡＩの年代に匹敵する値が得られている。鉄隕石の母天体が太陽系最初期に形成されたことを意味する数値だ。物質分化した小惑星の前駆物質はコンドライト小惑星だったという前提に立つなら、私たちの知っているコンドライトは数世代目のコンドライトだということになる。また、物質分化は太陽系最初期の円盤段階から起こっていたことになるが、そのような議論が宇宙化学者の間で始まったのは、かなり近年のことである。

天体力学の分野から提出された新説では、メイン・ベルト起源の小惑星よりも太陽に近いところで形成された小惑星が、鉄隕石の母天体であると見る。太陽近傍であれば、降着時間が短縮されるため、含まれる消滅核種の割合が大きくなる。したがって、物質分化が急速に進む。鉄隕石の年代がＣＡＩ並みに古いのは、母天体の物質分化が超特急で進行したからだ。これらの母天体が、その後に力学過程によってメイン・ベルトまで運ばれて、そこで天体衝突によって破壊され、金属中心核を露出させた、とする説である。

鉄隕石と石鉄隕石（以下参照）の照射年代は数億年で、石質隕石よりもはるかに長い。鉄隕石は非常に堅牢であり、石質隕石のほうが母天体から地球までの移動中に破壊されやすい。鉄隕石が中心核をなしていた母天体のマントルに相当する岩石が見あたらないのも、同じ理由による。そのような母天体の生き残りが、分光計観測〔スペクトル型〕によって玄武岩質と確認された小惑星である。ヴェスタのほか少数しか存在しないが、玄武岩質エコンドライトがそれらのサンプルとなる。

石鉄隕石の**パラサイト**は、等量のカンラン石と金属鉄の混合体で、物質分化した小惑星の核マントル境界が起源とされる（四つの下位グループに分かれ、それぞれ異なる天体に由来すると思われる）。宝石質のカンラン石が金属鉄と緊密に混合したパラサイトは、間違いなく最も美しい隕石である。カンラン石は下部マントルと整合的な組成をもつことから、マグマ大洋（オーシャン）の残滓、あるいは集積岩だと考えられる。金属相の組成はⅢＡＢ鉄隕石と似ているため、この二つの隕石種の間には何らかの関連がありそうだ。

メソシデライトは、天体表層部に由来するケイ酸塩岩石（斑レイ岩（ガブロ）、輝岩（パイロキシナイト）、玄武岩）を含む。その一方で金属相は鉄隕石と同様に、冷却速度が非常に緩慢であったこと、つまり天体深部で冷却されたことを示す。その起源については、溶融した中心核が地殻に衝突してできたという説と、物質分化した小惑星が砕けた後に再集積したという説の二つが提唱されている。

2　火星と月

Ａ　ＳＮＣ隕石

これまでに発見された隕石のうち火星起源と見られるものは、ＳＮＣ（スニック）隕石と総称されるシャーゴッタイト、ナクライト、シャシナイトのほか、唯一の斜方輝岩質（オルソパイロキシナイト）隕石であるＡＬＨ８４００１を合わせて七九個ある（ペアリングは考慮していない。四九ページ参照）。そのうちシャシニ隕石（フランス、一八一五年）、シャーゴッティ隕石（インド、一八六五年）、ナクラ隕石（エジプト、一九一一年）、ザガミ隕石（ナイジェリア、一九六二年）の四個が落下目撃隕石だ。これらの隕石は、組織の点では個々に異なるが、同じ酸素同位体組成をもっており、同一の母天体（二〇ページ参照）に由来すると見てよさそうだ。ナクライトとシャシナイトは結晶化年代が一三億年と若いため、質量の大きな天体で、すなわち小惑星というより惑星で形成されたと考えられる。先に見たように（一八ページ参照）、天体の質量が大きいほど長く高温状態が保たれ、火山活動が持続するため、結晶化年代の若さは惑星起源を示唆するからだ。

火星起源の決定的な証拠となったのが、シャーゴッタイトに含まれる衝撃ガラス中に閉じこめられていたガスの存在度である。シャーゴッタイトEET79001に含まれるガスの元素存在度と同位体存在度は、一九七六年に米国の探査機ヴァイキングの測定した火星大気に一致することが、一九八二年にNASAのドナルド・ボガードのグループによって示されたのだ（図10）。

SNC隕石のおかげで、火星は地球と月以外で表層が最もよく知られた惑星である。火星隕石はいずれも火成岩であり、火星の表層、マントル、中心核の歴史を物語っている。数が最も多い**シャーゴッタイト**は、輝石と斜長石が豊富な岩石で、玄武岩質シャーゴッタイトと複輝石カンラン岩質（レルゾライト）シャーゴッタイトに分けられる。前者は粒がより細かく、火山噴出物により表層で形成されたと考えられ、後者は粒がより粗く、それよりも深いところで形成されたと考えられる。**ナクライト**は、粘土鉱物や炭酸塩鉱物のような二次鉱物を含む輝岩で、過去一〇億年の間に液体の水の循環があったことを示している。ALH84001隕石は斜方輝岩、**シャシナイト**はカンラン石が豊富なダン・カンラン岩である。

これらの岩石の化学組成と同位体組成を詳しく調べると、天体観測だけでは捉えきれない火星表層の特徴が見えてくる。若い岩石であるナクライトとシャシナイトに比べ、シャーゴッタイトは鉛–鉛年代測定（九二ページ参照）によれば四二億年前後の古い年代をもつ。ナクライトとシャシナイト

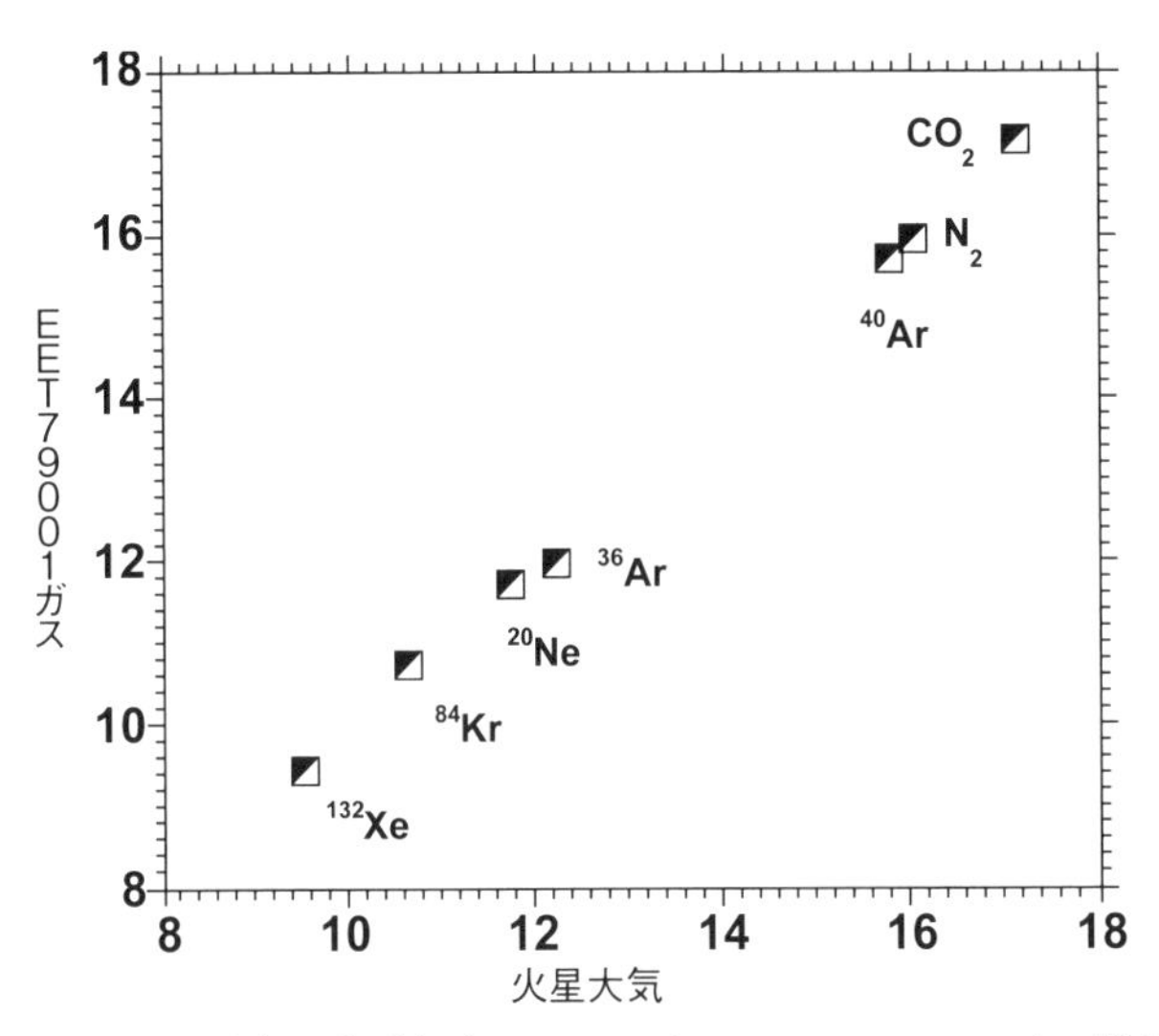

図10　火星大気の化学組成とシャーゴッタイトEET79001中に閉じこめられていたガスの化学組成（単位：cm³あたりの粒子数の対数）

は、大シルティスのような新しい火山地帯に由来するのだろう。隕石から推定される火星のマントルの同位体組成は、極めて不均一であり、均質化を引き起こすほどのプレート運動が生じなかったことを示唆している。つまり、地殻とマントルの間には、限定的な反応しか起きていない。

火星隕石の起源は表層部にあるが、これらの隕石の化学組成と同位体組成は、金属中心核の性質と形成年代についても知見を与えてくれる。金属中心核は質量百分率で二〇パーセント前後を占め、硫黄分が多いと考えられる。形成された時期は、放射性年代測定によれば、太陽系形成から一〇〇〇万年以内である。

火星の大気の特徴も、隕石から知ることができる。水素と窒素の同位体組成には、地球に比べて重い同位体の濃集が見られ、火星大気の過去の質量が現在より大きかったことがわかる。大気の九〇パーセントが誕生から六億年で失われたとするモデルもある。

隕石というサンプルはヴェスタ（前述参照）についてと同様に、火星についても完全なものではない。照射年代からすると、火星隕石を放出した衝突の回数は限られている。二四個の火星隕石についての測定された照射年代を並べると、それぞれ二〇〇〇万年、一五〇〇万年、一一〇〇万年、四〇〇万年、二六〇万年、一二〇万年、七〇万年にピークをもつ七つのグループができ、小分類まで含めた岩石学的な分類とほぼ完全に一致する。

B　月隕石

一九六九年のアポロ一一号から一九七二年のアポロ一七号までの探査によって、NASAの宇宙飛行士が持ち帰った月の岩石と表土は三八二キログラム、採取地は六か所、試料点数は二万二〇〇〇点にのぼる。NASAには毎年四〇〇件ほどの月試料の貸与申請がある。ソ連の無人探査機ルナ一六号（一九七〇年）、二〇号（一九七二年）、二四号（一九七六年）も、三二六グラムの表土を持ち帰っている。

最初に発見された月隕石は、一九八二年一月十八日に南極のアラン・ヒルズ山脈の麓で見つかったALH81005だ。以降、月隕石と判定されたものは一二四個になる（ペアリングは考慮していない。四九ページ参照）。その大半はオマーンのズファール〔ドーファ〕砂漠か南極で見つかっている。落下が観測されたものは一つもない。隕石の起源については本書で述べてきたように議論が多々あり、SNC隕石の火星起源を疑う研究者もいるほどだが、月隕石だけは起源が確定されている。アポロとルナが持ち帰った月岩石を詳しく調べられたおかげで、地球を別とすれば太陽系で最もよく知られているのは月である。アポロやルナの試料と同じ鉱物組成、化学組成、同位体組成をもつ月隕石が、月起源であることは完全に確立されている。

月隕石の中には、月の海で形成された火山岩や、高地（月の裏側）から来た斜長岩（アノーソサイト）もある。月隕石の照射年代は数万〜一〇〇〇万年の範囲にわたるが、一〇〇〇万年に満たないものが多い。組成と照射年代の精査によって、高地で三回、海で五回の衝突があったことが判明している。月隕石の大きな意義は、高地側のサンプルとして、アポロやルナで直接採取した試料にない種類の岩石もあることだ。

第八章　隕石と生命の起源

最初に落下が目撃された炭素質コンドライトは、一八〇六年三月に〔南仏〕セヴェンヌ山脈のアレ（現アレス）近くに落ちた隕石だ。その数週間後に化学者のルイ＝ジャック・テナール（一七七七〜一八五七年）が示した所見によれば、この隕石には、植物の分解で生じる泥炭に似た有機物が豊富に含まれていた。当初は注目されなかった所見だが、一八三四年にスウェーデンの高名な化学者、イェンス・ベルセリウスも同様の事実を確認した。同じく炭素質コンドライトのオルゲィユ隕石が一八六四年五月に落下した時は、わずか一か月後に化学者のマルスラン・ベルトロが分析結果を発表し、「隕石中の石炭状物質と地球上で見られる有機起源の石炭状物質との類似」を強調した。これらの分析は**圏外生物学**（エクソバイオロジー）(1)の先駆けをなす。この分野は、地球その他の惑星上の生命の出現条件をさまざまな面から考察する学際的な研究分野である。

（1）英米圏ではアストロバイオロジー〔宇宙生物学〕の呼称のほうが一般的である。

I　隕石中の地球外生命

一九六二年にフォーダム大学のバーソロミュー・ナジのグループが、度肝を抜くような研究結果を『ネイチャー』誌に発表した。顕微鏡で調べたオルゲイユ隕石の中に「有機物」が観察されたというのだ。彼らは「地球外生命」とは書かなかったが、ジャーナリズムはこの発見に飛びついて、センセーショナルに書きたてた。たとえば有名雑誌『プラネット』[1]の翌年号には「地球外生命の事実を立証」、「生命がよそにも存在していた！」といった文字が躍っている。だが一九六〇年代の終わりになって、ナジが発見した有機物は、落下時に隕石を汚染した地球上の花粉であったことが立証された。

（1）当時フランスで発行されていたオカルト的な隔月誌〔訳注〕。

この悲痛な事件のせいで長い間、ナジの科学者としての名声は不当に傷つけられた。科学者たちは以後四〇年にわたり、隕石中に生命の痕跡を発見したなどとは言い出さなくなった。この奇説は二十世紀も末になってから、火星隕石に依拠して復活することになる。火星隕石は炭素質コンドライトほど豊かに有機物や水を含んでいるわけではない。しかし、この惑星はかねて人々の想像の中で、地球外生命に結びついてきた。一八七七年にはイタリアの天文学者ジョヴァンニ・スキアパレッリ（一八三五〜一九一〇年）が、火星上に直線的な形状を観測したと発表し、それらを運河と名づけている。一九三八年にはオーソン・ウェルズ（一九一五〜一九八五年）が、火星人の地球襲来を語るハーバート・ジョージ・ウェルズ（一八六六〜一九四六年）の小説『宇宙戦争』をラジオで放送し、米国内にパニックを引き起こした。

そして一九九六年に、火星上の生命の存在を複合的に支持する徴候の発見が、NASAのディヴィッド・マッケイのグループによって発表された。その発見とは炭酸塩鉱物、磁鉄鉱、そして有機物（多環芳香族炭化水素）と共存した化石状の形態である。地球上なら、炭酸塩鉱物は普通は水のあるところで形成され、磁鉄鉱はバクテリアによる合成が考えられ、多環芳香族炭化水素は生命物質の変質によって生成する。これらを総合すると火星上の化石生命の発見が証明される、とマッケイは主張した。

そこで言う総合的な考察は、ほどなく学界の批判的検証に耐えられなくなる。鉱物と有機物の共存は、非生物的な過程により説明可能なことが示され、微化石のほうは、マッケイのグループが使用した電子顕微鏡による解析ノイズであることが判明した。この事件をメディアが大きく取り上げた結果、隕石の価格は高止まりが続いた。博物館運営機関は市場価格での買い入れができなくなり、学芸員たちは頭を抱えた。

もしも隕石の中に何らかの地球外生命が発見されたなら、生命が宇宙を自由に移動し、私たちの太陽系の中の、さらには外のさまざまな天体に播種したという**胚種広布**（パンスペルミア）説の裏づけになるだろう。だが、この説が論証されたとしても、生命がどこでどのようにして出現したかの問題は依然として残る。

Ⅱ　隕石中の生命前駆分子

可溶性および不溶性の有機物を最も豊富に含む隕石が、ＣＩ１とＣＭ２をはじめとする炭素質コンドライトだ。

有機分子は生物圏内に遍在しているから、隕石中の有機化合物を分析する際には、地球上での汚染が最大の問題になる。地球上での汚染がほぼない状態での分析を可能にしてくれたのが、一九六九年にオーストラリアのマーチソンに落下した一〇〇キログラムの隕石、ＣＭ２グループの炭素質コンドライトである。この隕石はすぐに発見されて汚染源から保護された。しかも質量が大きく、土壌や運搬容器と接触していない内部の切片の分析が可能だった。そのうえ、落ちてきたタイミングがちょうど、世界中の研究室が月試料を調べようと待ち構えていた矢先だったため、最新型の機器を使って分析することができた。

マーチソン隕石の中に確認された複雑な分子には、生物圏の重要な化合物となっているものが含まれていた。タンパク質の構成要素である**アミノ酸**や、デオキシリボ核酸（DNA）の重要な分子である糖などだ。マーチソン隕石から見つかったアミノ酸は七四種類にのぼり、その多様性は地球外起源としか考えられない。タンパク質を構成しているアミノ酸は二〇種類しかないからだ。また、隕石中のアミノ酸の一般的な特徴として、左旋体（L体）[1]に一定の過剰があるように見える。この事実は、前駆物質にすでに存在していた偏りが増幅して、生命分子におけるL体の優勢をもたらした可能性を示唆している。

（1）複雑な有機分子には鏡像関係の二つの形態、〔光の偏光を曲げる性質が〕左旋性のL体と右旋性のD体がある。生命起源のアミノ酸はL体である。

アミノ酸その他の生命関連分子は、**生物材料物質**と呼ばれることもある。それらが隕石によって地球上に運ばれて、化学反応が開始され、生命の出現にいたったのかもしれない。隕石や微隕石の中では、これらの分子と共存した粘土鉱物や硫化鉱物が、さらに複雑な分子を作り出す化学反応の触媒となったかもしれず、その点からしても隕石による運搬の意義は大きいだろう。とはいえ、これは現時点では、実験的にも理論的にも証明されていないシナリオである。

Ⅲ　宇宙化学と生命出現の背景状況

私たちの知る生命の出現と進化は、ある特定の恒星の周りを公転する一つの惑星の上で生起したものだ。生命の起源の解明とはこの特殊な、そして今のところ一回限りの背景状況を解明することでもある。生命の出現と多様化を可能にした背景状況は、私たちの太陽系の前駆物質となった分子雲が集積してから、一つの地球型惑星が大気と海洋をもち、多くの天体と近接した状態で形成されるにいたった過程のうちにある。隕石研究が宇宙物理学、天体の地質学や力学の研究と連携することで、生命をめぐる問題の答えに近づけるかもしれない。

まず第一に、太陽系形成時に作用した過程の解明には、本書第六章で見たようにコンドライトが役に立つ。地球上の生命出現の研究には、そのような**天文学的な枠組み**が欠かせない。現在では、私たちの太陽以外の恒星の周囲でも次々に惑星（太陽系外惑星と呼ぶ）が発見されており、太陽系形成の条件を絞りこむことが急がれる。私たちの恒星とその惑星系の生成には、どこにでもあるような条件があれば足りたのか。それとも、特殊な事情が必要だったのだろうか。この点でかなめとなるのが、アルミニウム二六のような消滅核種（一〇〇ページ参照）の起源の問題だ。これらは熱源として、地球型惑星の物質分化と地質進化（一一二ページ参照）を引き起こし、地球上の生命出現の鍵となった可能性がある。消滅核種を初期太陽系に注入するには、尋常ならぬ事件が必要だったのか。それとも、太陽系というものは、アルミニウム二六に富むものが多いと考えてしかるべきなのか。この問題の答えはまだ出ていない。

　質量の大きな天体の地質進化を考える際も、隕石が手がかりとなってくれる（第七章参照）。近年解明が進んでいるように、生命物質と鉱物との相互作用は、生命の歴史を通じて大きな役割を担ってきた。したがって生命の歴史は、地球進化の歴史の上に位置づけていかなければならない。**生きた地球**という概念が今後数十年の研究において重要な意味をもつことになるだろう。

　生命の発展の必須条件として、液体の水の存在を挙げる者もいる。核種をトレーサーとして、地球外天体（小惑星と彗星）の爆撃の歴史と性質をたどっていけば、地球の海洋出現の時期と条件を突き止められるかもしれない。この問題については数十年前から激論が続いている。海洋の水は後から運ばれてきたというのが長らく通説であったが、地球には最初から水が含まれていたという説が現在では有力である。この説によると、地球領域にあった微惑星群には水がなかった。そこに外側の小惑星帯〔エッジワース・カイパー・ベルト〕から移動してきて、同じく地球の形成に寄与した小惑星群が、**海洋の水**をもたらしたという。

地球上の生命の歴史の中では、天体の衝突が大きな役割を演じている。なかでも激烈な何回かの衝突は、（六一ページで述べたように）大量絶滅を引き起こした可能性がある。小惑星や彗星の衝突はその一方で、生命前駆物質として不可欠な分子を運んできて、生命の出現を促すというプラスの影響も与えた可能性がある（一二九ページ参照）。衝突が引き起こしたストレスにより、生命の進化が加速したことも考えられる。地球上の生命の最初の痕跡が、後期重爆撃期（一九ページ参照）の末期に相当するのは、三八億年より古い堆積層がないだけのことかもしれない。だが、天体の衝突が、生命の播種や刺激につながったという解釈もありうるのではないだろうか。

結び

あなたは空にあるすべてのものについて、
考えてみることがないのでしょう
――アンリ・ミショー[1]

（1）詩集『遠き内部』の一篇「《わたしは遠くの国からあなたに書く》」の一節。訳文は『アンリ・ミショー全集第一巻』（小海永二訳、青土社、一九七八年）による〔訳注〕。

宇宙化学がどのように形成され、現在どのように営まれているかを、本書はありのままに描こうと試みた。この学問分野は、私たちの太陽系の形成条件や、天体の地質進化の機構、さらには地球上の生命出現の背景状況を解明しようとする。そして、その地平には今もなお、古来の問いが瞬いている。この太陽系ははたして唯一独特のものなのか。

宇宙物理学や天体地質学、さらには圏外生物学と手を携えた学際分野として、宇宙化学はフロンティアを拡大していくだろう。私たちは時には宇宙探査機で運ばれて、隕石の故郷を訪れる貴重な機会に恵まれもするだろう。

しかし、どれほど遠くまで行ったとしても、隕石は私たちを必ず地球に引き戻す。科学と技術がいかに進歩しようと、相変わらず天から降り注ぐ石たちは、明日もまた昨日と同じように、謎めいた魅力を放っているに違いない。

解説

米田成一

本書はパリ国立自然史博物館のマテュー・グネル教授による *Les météorites* (Coll. «Que sais-je?», n°3859, PUF, Paris, 2009) の全訳である。隕石についてその歴史から最新の研究までを網羅した力作である。隕石研究については馴染みのない専門用語が多くあるが、平易な文章で分かりやすく解説されており、一般の方でも容易に読み進めることができるだろう。また、隕石が地球外から落下したものであることがどのようにして受け入れられ、科学となっていったかについて書かれた第二章は物語としても読み応えのあるものとなっている。

隕石は天から降ってきた石として、昔から崇められたり恐れられたりした。ヨーロッパの科学者に地球外から来たことが受け入れられたのは、第二章にあるように十八世紀末から十九世紀初めのことで、その頃から本格的な収集・保存が行なわれるようになった。しかし、隕石の真の価値が理解されるようになるのは二十世紀後半になってからである。これは、さまざまな分析技術の進歩によるところが大きい。特にウランの放射壊変を利用した年代測定法が開発され、一九五六年に地球の年齢が推定されたが、これは地球の岩石とウランをほとんど含まない鉄隕石とを比較することによってなされた成果である。また、一部の例外を除くと隕石の種類にかかわらずほぼ全ての隕石が約四六億年の年代を示すことから、太陽系が形成されたのは約四六億年前と推定されている。地球の年齢は、地球が小さな原始地球から現在の大きさまで成長する時間が必要なため不確かさが残るが、成長を始めたのはやはり約四六億年前と考えられる。なお、地球の内部は現在でも熱く、地球表面が絶えず新しく作り替えられているため、地球の岩石は最も古いもので約四〇億年、岩石に含まれる鉱物でも約四四億年が最古であり、地球の岩石の分析だけでは地球の年齢を求めることはできない。隕石の構成成分をさらに詳しく年代測定すると、炭素質コンドライト（球粒隕石という訳語が明治時代から使われているが、本書では近年の学術書にあわせて、英語のカタカナ表記を使用している）に含まれるＣＡＩと呼ばれる包有物が太陽系で最古の年齢を示し、ある分析では四五億六七二〇万年±六〇万年という精度で求まっている（第六章Ⅱ参照）。

また、隕石には融けたことがないコンドライト、一度全体が溶融して再度固まったエコンドライト

（無球粒隕石）、ほとんど金属のみでできた鉄隕石などの種類が存在する。融けたことがないコンドライトにはまさしく太陽系を作った物質がそのまま残されており、四六億年前の状態を閉じ込めた言わば「太陽系の化石」である。超新星などのさまざまな星から飛んできた塵（プレソーラー粒子）なども見つかっている（第六章Ⅵ参照）。一方、コンドライトが集まって大きな天体になると、内部が融けて重い金属が中心部に集まり金属の核（コア）を作り、その周りに軽い岩石質のマントルができる。この天体が衝突で壊れて、鉄隕石やエコンドライトとなる（第七章Ⅲ参照）。つまり、このような隕石は惑星が成長する途中の状態を示していると考えられる。これらの隕石の年齢も約四六億年であり、惑星の成長の開始が太陽系形成の非常に早い段階で始まっていたことが分かる。このように隕石は太陽系の形成から惑星の成長までを記録した物的証拠として計り知れない科学的な価値を持っているものである。本書はこれらの科学的成果を詳細に解説しており、隕石研究の現在の状況を知ることが可能である。

ここで紙面をお借りして、日本の隕石について補足説明をしておきたい。本書六八ページ表2に掲載されている東京のコレクションは、国立極地研究所が保有する南極隕石の数（原著刊行時の値、現在は約一万七〇〇〇個）である。その数量は世界有数のもので、日本および世界の隕石研究に素晴らしい貢献をしている。詳しくは巻末に掲載した国立極地研究所・南極隕石ラボラトリーのサイトをご参照願いたい。しかしこれらの隕石はすべて南極の氷の中で長い時間を過ごした発見隕石である。一方、日本国内で確認された隕石は六七ページ訳注に記したように五〇個、このうち落下目撃隕石は四一個である。リストを付表に示す（エコンドライトは日本では発見されていない）。日本もフランスと同じく単位面積あたりの落下目撃隕石の個数が高い国である。また、十八世紀以前の隕石が四個も実在する。これは人口密度が高いこと、比較的安定した社会が続いたこと、人々が信心深く神社仏閣などで保管されたことなどが理由として考えられる。中でも有名な隕石は直方隕石で、本書二八ページに紹介されているとおり現存する世界最古の落下目撃隕石として知られている。この他、日本最大の隕石である気仙隕石、流星刀と呼ばれる日本刀が作られた白萩隕石などがよく知られている。国立科学博物館では約半数の二四個の隕石について所蔵あるいは借用して展示している。その他の隕石も含めて全ての日本の隕石について展示場のキオスク端末に解説があり、これは博物館HPからも見ることができるようになっている（常設展示―日本館三階南翼―日本に落下した隕石 http://shinkan.kahaku.go.jp/floor/n-3f-s_jp.html）。

日本の隕石（☆落下目撃隕石，○国立科学博物館展示）

	名前		落下(発見)場所	年月日	分類	総重量(kg)	個数

コンドライト（球粒隕石）

	名前		落下(発見)場所	年月日	分類	総重量(kg)	個数
1	直方（のおがた）	☆	福岡県直方市	861/5/19（貞観3年）	L6	0.472	1
2	南野（みなみの）	☆	愛知県名古屋市南区	1632/9/27（寛永9年）	L	1.04	1
3	笹ケ瀬（ささがせ）	☆	静岡県浜松市東区篠ヶ瀬町	1704/2/16（元禄17年）	H	0.695	1
4	小城（おぎ）	☆	佐賀県小城市	1741/6/8（寛保元年）	H6	14.3	4
5	八王子（はちおうじ）	☆	東京都八王子市	1817/12/29（文化14年）	H?	不明	多数
6	米納津（よのうづ）	☆○	新潟県燕市	1837/7/13（天保8年）	H4-5	31.65	1
7	気仙（けせん）	☆○	岩手県陸前高田市気仙町	1850/6/13（嘉永3年）	H4	135	1
8	曽根（そね）	☆○	京都府船井郡京丹波町	1866/6/7（慶応2年）	H5	17.1	1
9	大富（おおとみ）	☆	山形県東根市	1867/5/24（慶応3年）	H	6.51	1
10	竹内（たけのうち）	☆	兵庫県朝来市	1880/2/18	H5	0.72	2?
11	福富（ふくとみ）	☆○	佐賀県杵島郡白石町	1882/3/19	L4-5	16.75	3
12	薩摩（さつま）（九州）	☆○	鹿児島県伊佐市	1886/10/26	L6	46.5以上	10以上
13	仁保（にお）	☆○	山口県山口市仁保	1897/8/8	H3-4	0.467	3
14	東公園（ひがしこうえん）	☆	福岡市博多区東公園	1897/8/11	H5	0.75	1
15	仙北（せんぼく）	☆○	秋田県大仙市	1900年以前（1993確認）	H6	0.866	1
16	神崎（かんざき）		佐賀県神埼市	1905以前	H	0.124	1

144ページへつづく

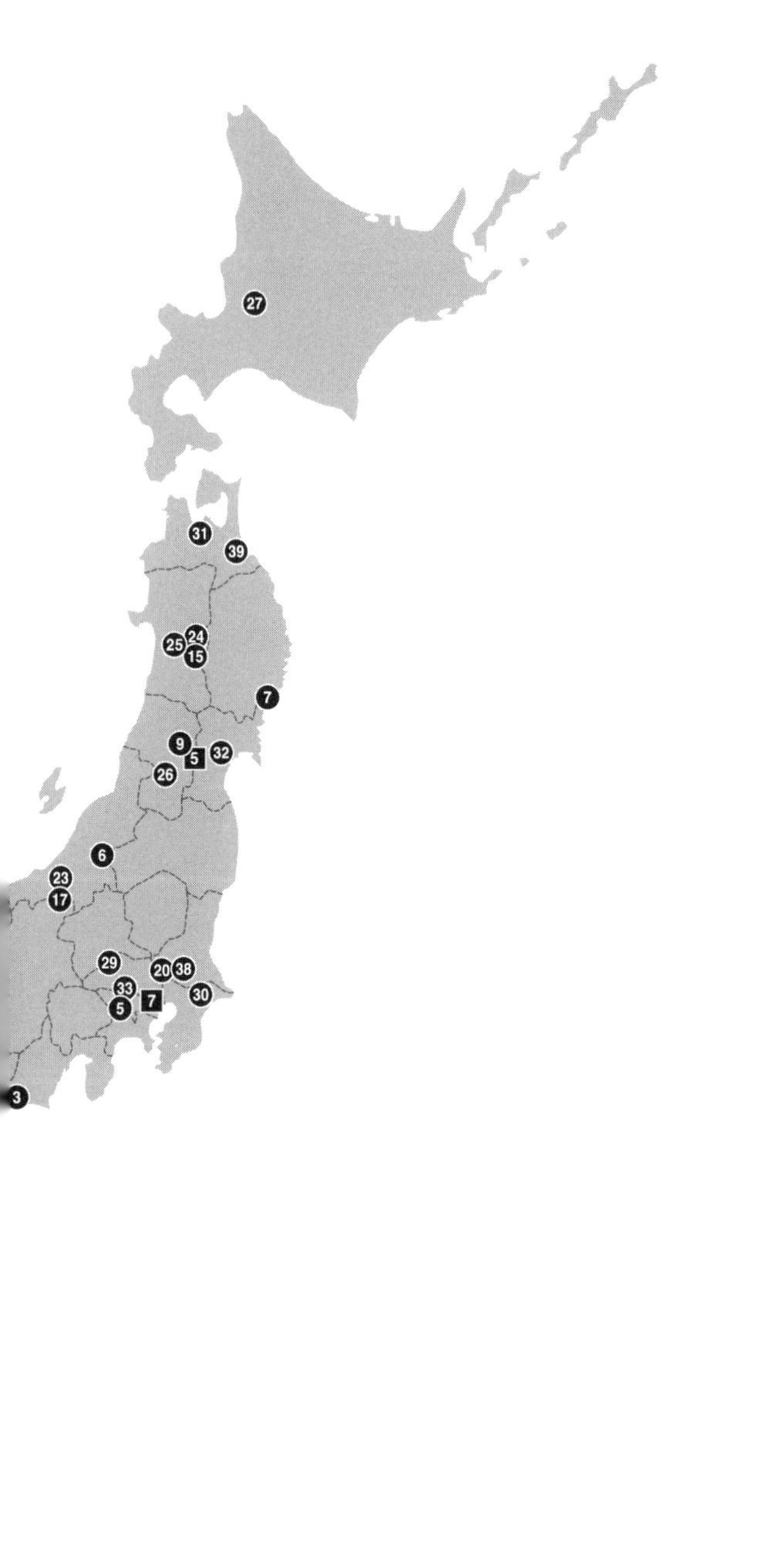
27
31
39
24
25
15
7
9
5
32
26
6
23
17
29
20
38
33
7
30
5
3

隕石落下地点

● コンドライト
■ 鉄隕石
▲ 石鉄隕石

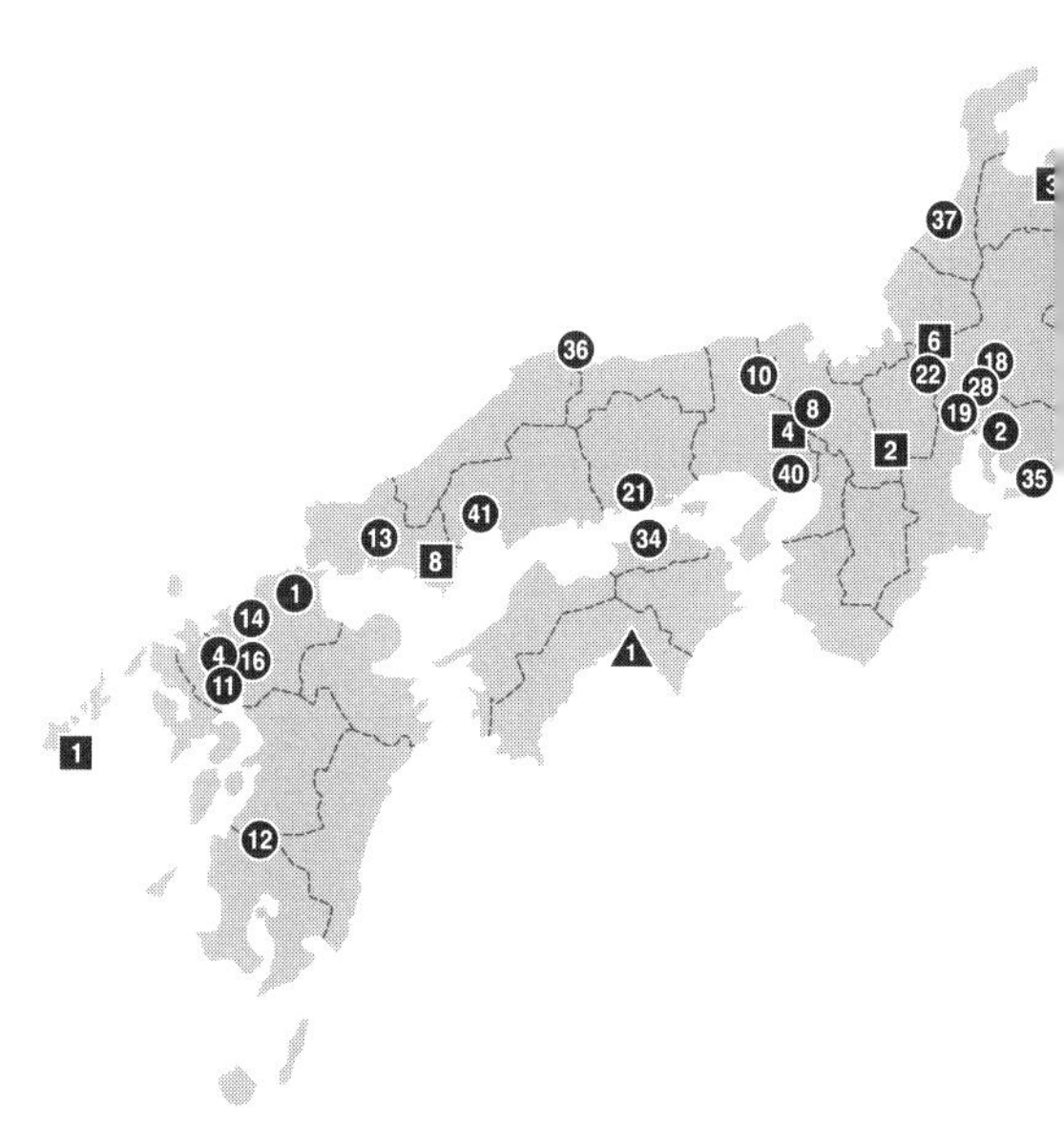

	名前		落下(発見)場所	年月日	分類	総重量(kg)	個数
17	木島(きじま)	☆○	長野県飯山市木島	1906/6/15	E6	0.331	2
18	美濃(みの)(岐阜)	☆○	岐阜県岐阜市，美濃市，関市，山県市	1909/7/24	L6	14.29	29
19	羽島(はしま)	☆	岐阜県羽島市上中町	1910年頃(明治後期)	H4	1.11	1
20	神大実(かみおおみ)	☆○	茨城県坂東市	1915年頃	H5	0.448	1
21	富田(とみた)	☆	岡山県倉敷市	1916/4/13	L	0.6	1
22	田根(たね)	☆○	滋賀県長浜市	1918/1/25	L5	0.906	2
23	櫛池(くしいけ)	☆	新潟県上越市	1920/9/16	不明	4.5	1
24	白岩(しらいわ)		秋田県仙北市	1920年	H4	0.95	1
25	神岡(かみおか)	☆○	秋田県大仙市	1921-1949の間	H4	0.030	1
26	長井(ながい)	☆	山形県長井市	1922/5/30	L6	1.81	1
27	沼貝(ぬまかい)	☆	北海道美唄市光珠内町	1925/9/4	H4	0.363	1
28	笠松(かさまつ)	☆	岐阜県羽島郡笠松町	1938/3/31	H	0.71	1
29	岡部(おかべ)	☆○	埼玉県深谷市	1958/11/26	H5	0.194	1
30	芝山(しばやま)		千葉県山武郡芝山町	1969/4	L6	0.235	1
31	青森(あおもり)	☆○	青森県青森市松森	1984/6/30	L6	0.32	1
32	富谷(とみや)	☆○	宮城県黒川郡富谷町	1984/8/22	H4-5	0.0275	2
33	狭山(さやま)	☆○	埼玉県狭山市柏原	1986/4/29頃	CM2	0.43	1
34	国分寺(こくぶんじ)	☆○	香川県高松市および坂出市	1986/7/29	L6	約11.51	多数

35	田原（たはら）	☆○	愛知県田原市	1991/3/26	H5	10以上	1
36	美保関（みほのせき）	☆	島根県松江市	1992/12/10	L6	6.385	1
37	根上（ねあがり）	☆	石川県能美市	1995/2/18	L6	約0.42	1
38	つくば	☆○	茨城県つくば市，牛久市，土浦市	1996/1/7	H5-6	約0.8	23
39	十和田（とわだ）		青森県十和田市	1997/4	H6	0.0535	1
40	神戸（こうべ）	☆	兵庫県神戸市北区	1999/9/26	CK4	0.135	1
41	広島（ひろしま）	☆○	広島県広島市安佐南区	2003/2/1-3の間	H5	0.414	1

鉄隕石

1	福江（ふくえ）	☆	長崎県五島市	1849/1	オクタヘドライト	0.008	1
2	田上（たなかみ）（田上山）	○	滋賀県大津市	1885	IIIE	174	1
3	白萩（しらはぎ）	○	富山県中新川郡上市町	1890	IVA	33.61	2
4	岡野（おかの）	☆	兵庫県篠山市	1904/4/7	IIA	4.74	1
5	天童（てんどう）	○	山形県天童市	1910頃（1977年確認）	IIIA	10.1	1
6	坂内（さかうち）		岐阜県揖斐郡揖斐川町	1913	ヘキサヘドライト	4.18	1
7	駒込（こまごめ）	☆	東京都文京区本駒込	1926/4/18	不明	0.238	1
8	玖珂（くが）	○	山口県岩国市	1938	IIIB	5.6	1

石鉄隕石

1	在所（ざいしょ）	☆	高知県香美市	1898/2/1	パラサイト	0.33	1

著者のマテュー・グネル教授は二〇〇〇年にパリ第七大学から博士の学位を取得し、二〇〇八年からパリ国立自然史博物館の教授として宇宙化学部門を率いる、まだ四十代の気鋭の研究者である。しかし初めから隕石の研究者を目指していたのではなく、修士は物理学の研究で一九九四年に取得し、その後しばらく重力波の研究を行なっていたとのことである。翌年には物理学を離れて科学哲学に興味を持ち、イギリスのケンブリッジ大学トリニティ・カレッジで十八世紀末の機械と人間についての研究を行なった。この経験が隕石研究においても歴史的な側面に興味を持つ理由かもしれない。一九九六年にパリに戻ると、岩石破砕に関する物理理論について博士取得のための研究を開始するが、半年で飽きてしまったそうである。新しくメンターとなったミシェル・モレット博士（本書五六ページ参照）は直ちに微隕石採集のために彼を南極へ派遣し、グネル教授の隕石研究がスタートした。さまざまな隕石研究者と交流し、前述のように二〇〇〇年に学位を取得すると、ロンドンの大英自然史博物館の研究員、パリ第十一大学の講師を経て、二〇〇五年よりパリ国立自然史博物館に勤めている。二〇〇六年には国際隕石学会が三十五歳以下の若手に贈るニーア賞を受賞している。グネル教授の研究業績は、微隕石の研究や太陽系形成初期における短寿命放射性核種生成の理論的研究など多岐にわたるが、先端の研究だけでなく歴史的な研究も行なっている。例えば一八六四年に落下したオルゲィユ隕石の目撃記録を読み解いて、この隕石の軌道が彗星と似ていることを見いだした（本書八一ページ)。また、第二章で詳述されているレーグル隕石の落下とその当時の科学者や社会の状況は自身の調査による考察である。さらに、研究だけでなく一般の人々に対する普及・教育活動にも熱心で、本書もその成果の一つである。本書の日本語訳にあたっては、翻訳者や監修者のさまざまな質問にも素早く丁寧にお答えいただいた。また近々、隕石に関する特別展をパリ国立自然史博物館で開く予定であるとも聞いている。

本書が隕石に興味を持たれた人々に、その研究の目的や意義をご理解いただく一助となれば幸いである。

隕石に関する研究成果が掲載される主要誌は以下の通り：
Meteoritics & Planetary Science, Geochimica & Cosmochimica Acta, Earth & Planetary Science Letters, The Astrophysical Journal, Icarus, Planetary & Space Sciences, Nature, Science, Proceedings of the National Academy of Sciences

国際隕石学会：http://www.meteoriticalsociety.org/
隕石ブレティン・データベース：http://www.lpi.usra.edu/meteor/metbull.php
小惑星と彗星の軌道：http://neo.jpl.nasa.gov/orbits/
NASAの地球外物質：http://curator.jsc.nasa.gov/
パリ国立自然史博物館の鉱物学・宇宙化学研究室：http://www.impmc.upmc.fr/fr/

国立科学博物館・日本の隕石リスト：https://www.kahaku.go.jp/research/db/science_engineering/inseki/
国立極地研究所・南極隕石ラボラトリー：http://yamato.nipr.ac.jp/

参考文献と参考サイト

Carion A., *Les météorites et leurs impacts*, Paris, Masson, 1997.

Davis A.M., Holland H.D. and Turekian K.K., *Treatise on Geochemistry*, vol.1, *Meteorites, Comets and Planets*, Amsterdam, Elsevier, 2003.

Gargaud M., Claeys P., López-García P., Martin H., Montmerle T., Pascal R. and Reisse J., *From Suns to Life*, Dordrecht, Springer, 2006.

Heide F. and Wlotzka F., *Meteorites. Messengers from Space*, Berlin, Springer, 1995.〔F・ハイデ，F・ヴロツカ著，『隕石――宇宙からのタイムカプセル』，野上長俊訳，シュプリンガー・フェアラーク東京，1996年〕

Lauretta D.S. and McSween Jr. H.Y., *Meteorites and early Solar System 2*, Tucson, Arizona University Press, 2006.

Maurette M., *Chasseur d'étoiles*, Paris, Hachette, 1994.

Maurette M., *Micrometeorites and the Mysteries of our Origins*, Berlin, Springer Verlag, 2006.

McCall G.J.H., Bowden A.J. and Howarth R.J., *The History of Meteoritics and Key Meteorite Collections : Fireballs, Finds and Falls*, London, Geological Society Special Publications, 2006.

McSween H.Y., *Meteorites and their Parent Planets*, Cambridge, Cambridge University Press, 1999.

Pelé P.-M., *Les météorites de France : guide pratique*, Paris, Hermann, 2005.

Wasson J.T., *Meteorites : Their Record of early Solar System History*, New York, W.H. Freeman, 1985.

Zanda B. and Rotaru M., *Les météorites*, Paris, Bordas et Muséum national d'histoire naturelle, 1996.

監修者略歴
米田成一（よねだ・しげかず）
1960 年生まれ.
東京大学大学院理学系研究科化学専門課程博士課程単位修得退学.
国立科学博物館理工学研究部理化学グループ長　理学博士．専門は宇宙化学，隕石学．隕石中の微量元素存在度および同位体組成に基づく原始太陽系の形成過程・環境の研究.
主な著作に『地球と宇宙の化学事典』（分担執筆，朝倉書店），監修した展覧会に「元素のふしぎ」（2012），「ノーベル賞 110 周年記念展」（2011-12）などがある.

訳者略歴
斎藤かぐみ（さいとう・かぐみ）
1964 年生まれ.
東京大学教養学科卒業．欧州国際高等研究院（IEHEI）修了.
フランス語講師・翻訳.
主な訳書に『力の論理を超えて――ル・モンド・ディプロマティーク 1998-2002』（共編訳，NTT 出版），ベアトリス・アンドレ=サルヴィニ『バビロン』，オリヴィエ・ロワ『現代中央アジア』，ジャック・プレヴォタ『アクシオン・フランセーズ』，ムスタファ・ケスス／クレマン・ラコンブ『ツール・ド・フランス 100 話』（以上，白水社文庫クセジュ），アンヌ・マリ=ティエス『国民アイデンティティの創造』（共訳，勁草書房）などがある.

文庫クセジュ　Q 1012
隕石　迷信と驚嘆から宇宙化学へ

2017年 5 月10日　印刷
2017年 5 月30日　発行

著　者　マテュー・グネル
監修者　米田成一
訳　者　斎藤かぐみ
発行者　及川直志
印刷・製本　株式会社平河工業社
発行所　株式会社白水社
東京都千代田区神田小川町 3 の 24
電話　営業部　03 (3291) 7811 / 編集部　03 (3291) 7821
振替　00190-5-33228
郵便番号　101-0052
http://www.hakusuisha.co.jp

乱丁・落丁本は，送料小社負担にてお取り替えいたします．
ISBN978-4-560-51012-4
Printed in Japan

文庫クセジュ

自然科学

60 死
110 微生物
165 色彩の秘密
280 生命のリズム
424 心の健康
609 人類生態学
701 睡眠と夢
761 薬学の歴史
770 海の汚染
794 脳はこころである
795 インフルエンザとは何か
797 タラソテラピー
799 放射線医学から画像医学へ
803 エイズ研究の歴史
830 宇宙生物学への招待
844 時間生物学とは何か
869 ロボットの新世紀
875 核融合エネルギー入門
878 合成ドラッグ
884 プリオン病とは何か
895 看護職とは何か
912 精神医学の歴史
950 100語でわかるエネルギー
963 バイオバンク